a transformação já começou.

iônica é o ambiente digital da **FTD Educação** que nasceu para conectar estudantes, famílias, professores e gestores em um só lugar.

uma plataforma repleta de recursos e facilidades, com navegação descomplicada e visualização adaptada para todos os tipos de tela: celulares, tablets e computadores.

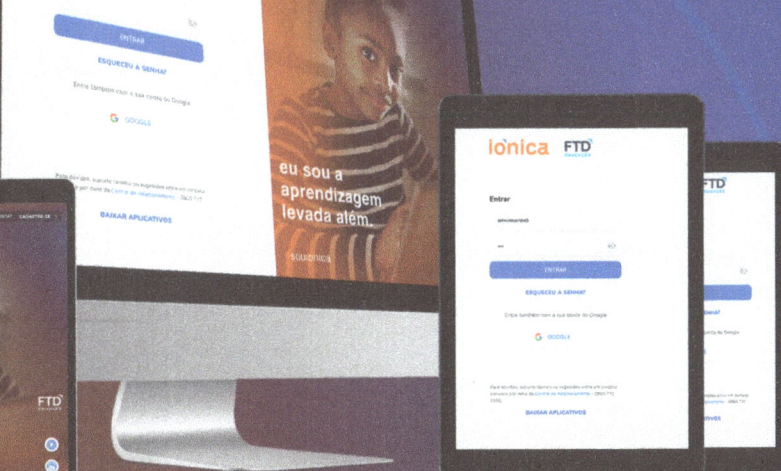

> É MUITO FÁCIL
> **ACESSAR!**

NQF8ex9rM

906.810   9370103000006

1 escaneie o QR Code ao lado com a câmera do seu celular ou acesse souionica.com.br

2 insira seu usuário e sua senha. Caso não tenha, crie uma nova conta em Cadastre-se.

3 insira o código de acesso do seu livro.

4 encontre sua escola na lista e bons estudos!

iônica

DESENHO GEOMÉTRICO

GIOVANNI • GIOVANNI JR. • TEREZA MARANGONI • ELENICE OGASSAWARA

1

FTD

Coleção Desenho Geométrico
Copyright © José Ruy Giovanni, José Ruy Giovanni Jr.,
Tereza Marangoni Fernandes, Elenice Lumico Ogassawara, 2021.

Direção-geral Ricardo Tavares de Oliveira
Direção editorial adjunta Luiz José Tonolli
Gerência editorial Roberto Henrique Lopes da Silva
Edição João Paulo Bortoluci (coord.)
Carlos Eduardo Bayer Simões Esteves,
Janaina Bezerra Pereira, Rafael Braga de Almeida
Preparação e Revisão Maria Clara Paes (sup.)
Yara Affonso
Gerência de produção e arte Ricardo Borges
Design Daniela Máximo (coord.)
Imagem de capa LanKogal/shutterstock.com
Arte Isabel Cristina Corandin Marques (sup.)
Débora Jóia, Gabriel Basaglia, Kleber Bellomo Cavalcante
Coordenação de imagens e textos Elaine Bueno
Licenciamento de textos Bárbara Clara, Érica Brambila
Iconografia Isabela Meneses Garcez
Ana Isabela Pithan Maraschin (tratamento de imagem)

Dados Internacionais de Catalogação na Publicação (CIP)
(Câmara Brasileira do Livro, SP, Brasil)

Desenho geométrico : volume 1 / José Ruy
 Giovanni...[et al.]. – 2. ed. – São Paulo :
 FTD, 2021.

 Outros autores: José Ruy Giovanni Jr., Tereza
Marangoni Fernandes, Elenice Lumico Ogassawara
 ISBN 978-65-5742-318-9 (aluno)
 ISBN 978-65-5742-319-6 (professor)

 1. Desenho geométrico (Ensino fundamental)
2. Matemática (Ensino fundamental) I. Giovanni, José
Ruy, 1937-2020. II. Giovanni Junior, José Ruy.
III. Fernandes, Tereza Marangoni. IV. Ogassawara,
Elenice Lumico.

21-65004   CDD-372.7

Índices para catálogo sistemático:
1. Desenho geométrico : Matemática : Ensino
 fundamental   372.7
Cibele Maria Dias – Bibliotecária – CRB-8/9427

---

1 2 3 4 5 6 7 8 9

Envidamos nossos melhores esforços para localizar e indicar adequadamente os créditos dos textos e imagens presentes nesta obra didática. No entanto, colocamo-nos à disposição para avaliação de eventuais irregularidades ou omissões de crédito e consequente correção nas próximas edições. As imagens e os textos constantes nesta obra que, eventualmente, reproduzam algum tipo de material de publicidade ou propaganda, ou a ele façam alusão, são aplicados para fins didáticos e não representam recomendação ou incentivo ao consumo.

Reprodução proibida: Art. 184 do Código Penal e Lei 9.610 de 19 de fevereiro de 1998.
Todos os direitos reservados à **EDITORA FTD**.

Produção gráfica

Avenida Antônio Bardella, 300 – 07220-020 GUARULHOS (SP)
Fone: (11) 3545-8600 e Fax: (11) 2412-5375

A - 906.767/24

Rua Rui Barbosa, 156 – Bela Vista – São Paulo – SP
CEP 01326-010 – Tel. 0800 772 2300
Caixa Postal 65149 – CEP da Caixa Postal 01390-970
www.ftd.com.br
central.relacionamento@ftd.com.br

A comunicação impressa
e o papel têm uma ótima
história ambiental
para contar

www.twosides.org.br

Apresentação

Como incentivo ao estudo, os livros de teoria da Coleção **Desenho Geométrico** apresentam os conteúdos de modo bastante intuitivo para que você consiga desenvolver diversas habilidades da BNCC relacionadas à Geometria.

Lembramos que, nessa área, o aspecto mais importante é o despertar da criatividade e o desenvolvimento de seu raciocínio lógico.

Aos poucos, você vai dominar várias técnicas das construções geométricas, utilizadas no desenho técnico, no desenho industrial e em qualquer planta ou projeto de arquitetura.

Esperamos que este livro seja um bom auxiliar nas atividades que você vai desenvolver em desenho geométrico no decorrer do ano letivo.

Os autores.

Sumário

Tópico 1 Introdução 6
- Instrumentos de desenho 6
- Traçado de linhas 9
- Demarcação de ângulos 10
- Letras e algarismos 12

Tópico 2 Introdução à Geometria 13
- Ponto, reta e plano 13
- Representação 14
- Figura geométrica plana e figura geométrica não plana 16
- **Desenhando com a BNCC** Iniciando no GeoGebra 18

Tópico 3 Estudo da reta e de suas partes 20
- A reta 20

Tópico 4 Polígonos 28
- Linhas poligonais 28
- Regiões convexas e não convexas .. 30
- O que são polígonos 32
- Lados e vértices de um polígono 32
- Nome dos polígonos 33
- **Desenhando com a BNCC** Inserindo objetos no GeoGebra 34

Tópico 5 Medidas de comprimento 36
- Determinação do metro 36
- Unidades para medir comprimentos 37
- Usando a régua para medir um segmento 38
- Perímetro 38

Tópico 6 Ângulos 39
- Medida de um ângulo 40
- Construção de um ângulo com o uso do transferidor 41
  1. Construir um ângulo de 45° com o uso do transferidor 41
  2. Construir um ângulo de 130° com o uso do transferidor 42
- Ângulos congruentes 43
- Ângulos consecutivos 44
- Ângulos adjacentes 45
- Retas perpendiculares 46
- Ângulo reto 47
- Ângulo agudo 48
- Ângulo obtuso 48
- Ângulos complementares 49
  1. Construção do complemento de um ângulo 49

- Ângulos suplementares 50
    1 Construção do suplemento de um ângulo 50

  ▶ **Desenhando com a BNCC**
  Acessando os *menus* do GeoGebra 52

Tópico 7 **Triângulos** 54

- Classificação dos triângulos quanto aos lados 55
- Classificação dos triângulos quanto aos ângulos 56

Tópico 8 **Quadriláteros** 57

- Paralelogramos 58
- Trapézios 60

Tópico 9 **Circunferência** ... 62

- Traçando circunferências 63
- Elementos da circunferência 64

▶ **Desenhando com a BNCC**
Finalizando um projeto no GeoGebra 66

Tópico 10 **Traçados de perpendiculares e paralelas** 68

- Traçado de perpendiculares 68
    1 Traçar perpendiculares usando régua e esquadro 68
    2 Traçar perpendiculares com um par de esquadros 69
- Traçado de paralelas 70
    1 Traçar paralelas com o uso de régua e esquadro 70
    2 Traçar paralelas com um par de esquadros 71
    3 Traçar paralelas conhecendo a distância entre as retas 72

Tópico 11 **Construções elementares** 73

- Construção de segmentos 73
    1 Construir um segmento que tenha a mesma medida de outro segmento 73
    2 Construir um segmento de medida igual à soma das medidas de dois segmentos dados 74
    3 Construir um segmento de medida igual à diferença entre as medidas de dois segmentos dados 75
- Determinando o ponto médio de um segmento 76
- Dividindo segmentos 77
    1 Dividir um segmento em dois segmentos congruentes 77
    2 Dividir um segmento em quatro segmentos congruentes 77
- Construção de ângulos 78
    1 Construir um ângulo de medida igual à medida de um ângulo dado 78
    2 Construir um ângulo de medida igual à soma das medidas de dois ângulos dados 79
    3 Construir um ângulo de medida igual à diferença das medidas de dois ângulos dados 80

TÓPICO 1 — INTRODUÇÃO

Instrumentos de desenho

Em desenho geométrico, é indispensável a utilização de alguns materiais considerados básicos. Apresentamos, a seguir, os principais instrumentos que serão utilizados com frequência neste estudo. Saber utilizá-los de maneira adequada possibilita a construção de desenhos precisos.

Lápis

É comum, em desenho, o uso de alguns lápis específicos; dependendo do trabalho que será desempenhado, há um tipo mais adequado. A seguir, apresentamos três lápis que são bastante utilizados.

FOTOS: DOTTA2

- Para fazer esboços, sombrear figuras ou dar destaques especiais em traços do desenho, devemos usar o lápis nº 1 ou B, que é macio.

- Para traçados em geral, devemos usar o lápis nº 2 ou HB, que possui grafite de dureza média.

- Para desenhos geométricos e técnicos, devemos usar o lápis nº 3 ou H, cuja grafite possui um grau maior de dureza.

Após apontar o lápis, você deve afiá-lo com uma pequena lixa; depois, é importante limpá-lo com algodão, um pedaço de tecido ou papel.

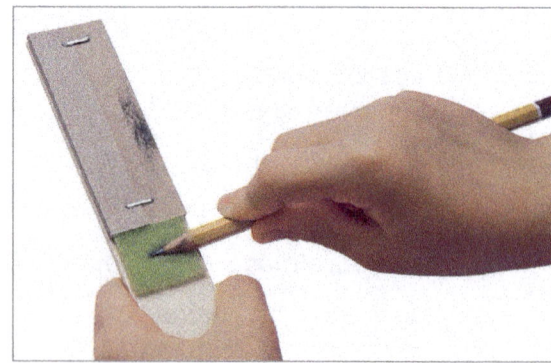

Borracha

Deve ser macia e de tamanho médio, de preferência de cor branca ou azul.

Régua

É um instrumento muito comum, utilizado para medir e traçar segmentos de retas.
De preferência, é sempre bom escolher uma régua de plástico transparente, graduada em milímetros e centímetros.

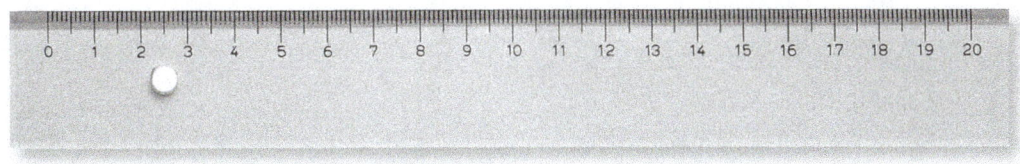

Para fazer medições, comece a partir do zero (0) da graduação.

Compasso

Este instrumento é utilizado para traçar circunferências e arcos de circunferência e também pode ser utilizado para transportar medidas.

A ponta-seca e a ponta da grafite devem estar sempre no mesmo nível.

É necessário lixar a grafite do compasso obliquamente, deixando a parte lixada para fora, conforme imagem a seguir.

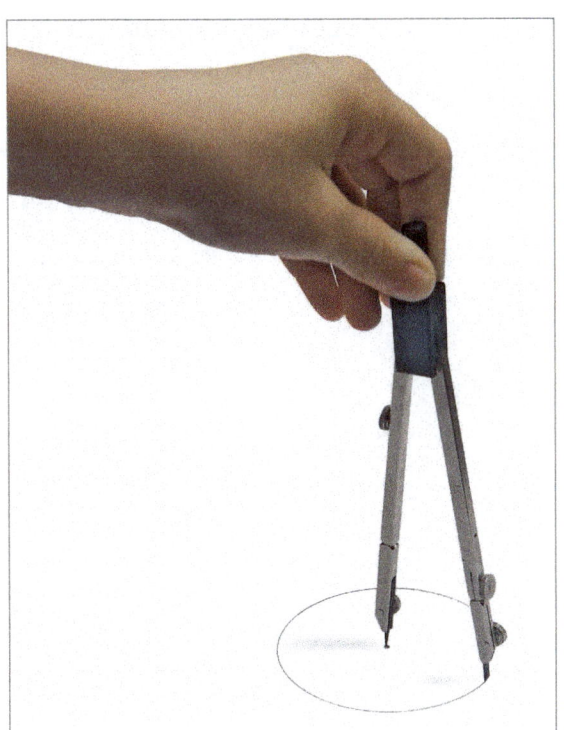
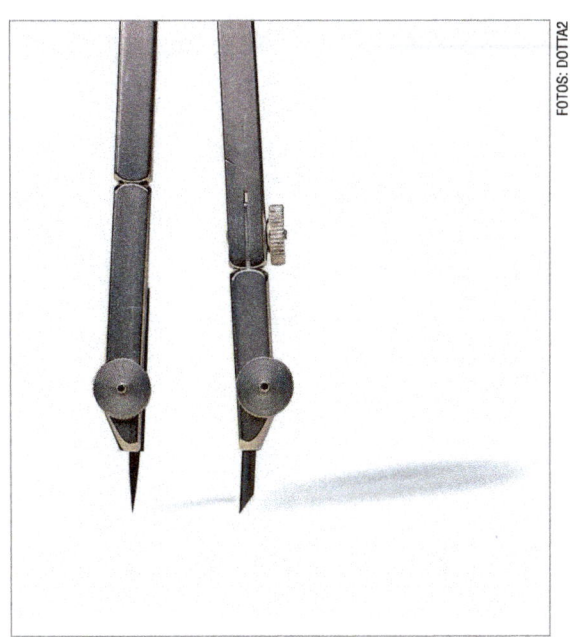

Transferidor

É o instrumento utilizado para construir, medir e transportar ângulos. É formado por três partes: limbo, linha de fé e centro do transferidor.

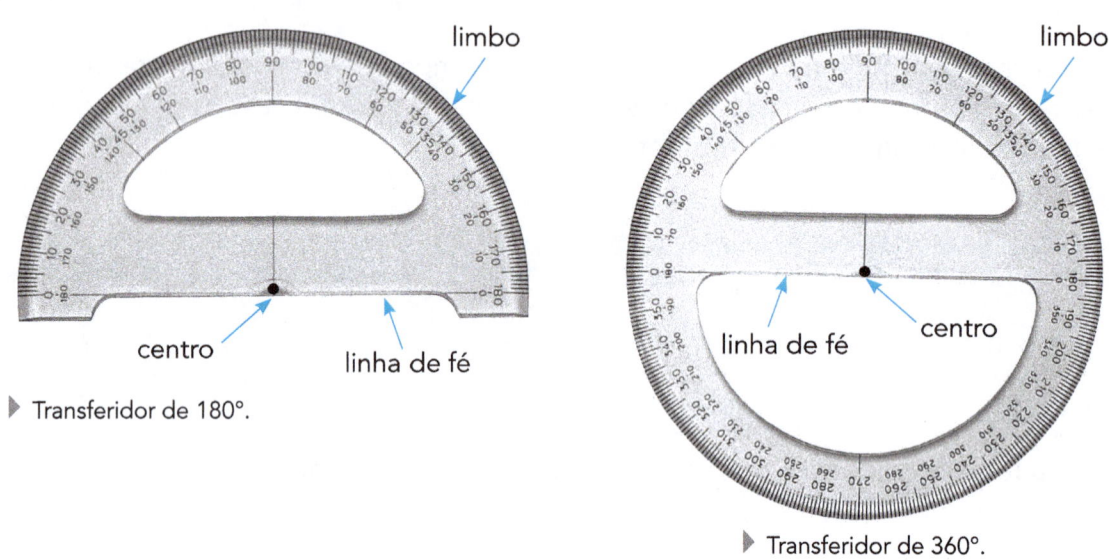

▶ Transferidor de 180°.

▶ Transferidor de 360°.

Par de esquadros

São muitas as utilidades de um par de esquadros; entre elas, destacam-se o traçado de linhas paralelas e perpendiculares e a demarcação de ângulos.

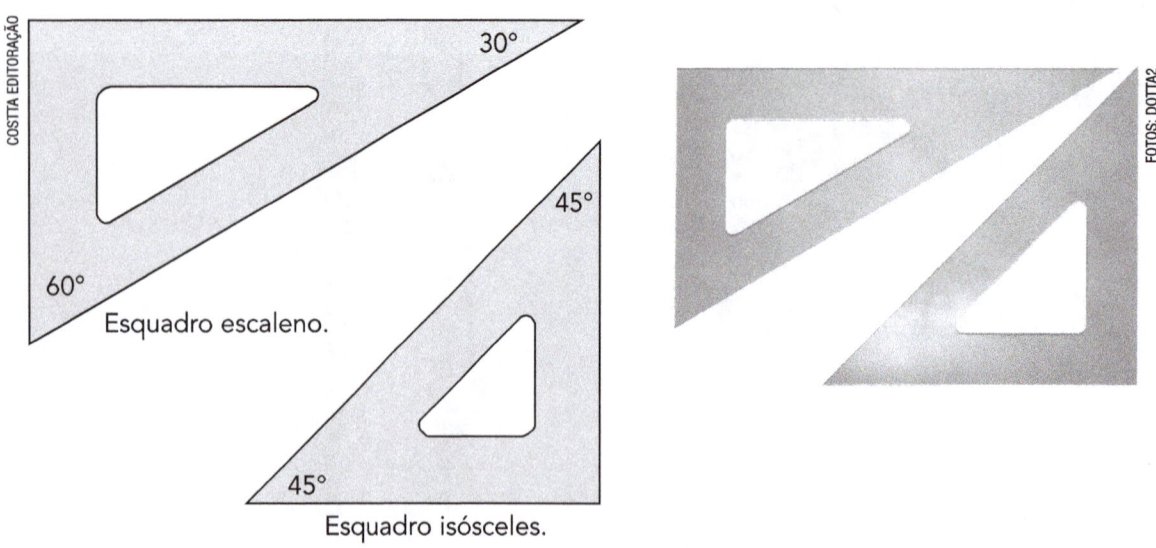

Esquadro escaleno.

Esquadro isósceles.

Traçado de linhas

Paralelas

É possível traçar retas paralelas utilizando um par de esquadros. A seguir, são apresentadas duas maneiras diferentes para a realização desse procedimento. Observe.

ou

Perpendiculares

A seguir, veja um procedimento que pode ser adotado para a construção de retas perpendiculares utilizando um par de esquadros.

1º passo

2º passo

Demarcação de ângulos

Com o auxílio dos esquadros, é possível fazer a marcação de alguns ângulos, como veremos a seguir.

Ângulos de 30° e de 150°

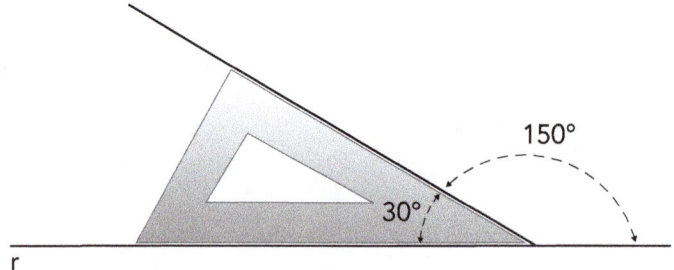

Ângulos de 45° e de 135°

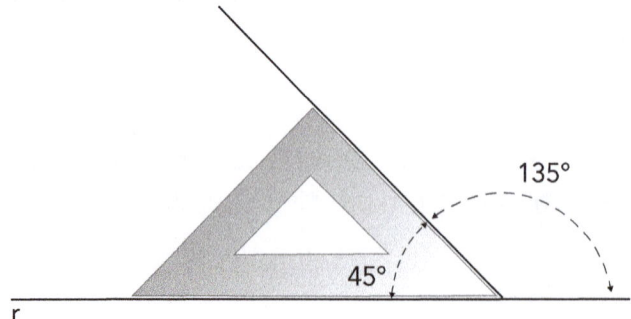

Ângulos de 75° e de 105°

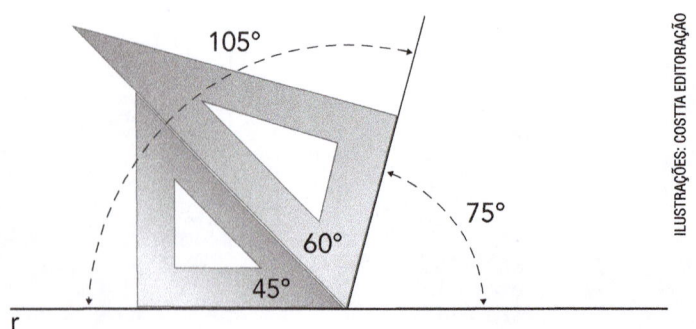

Ângulos de 60° e de 120°

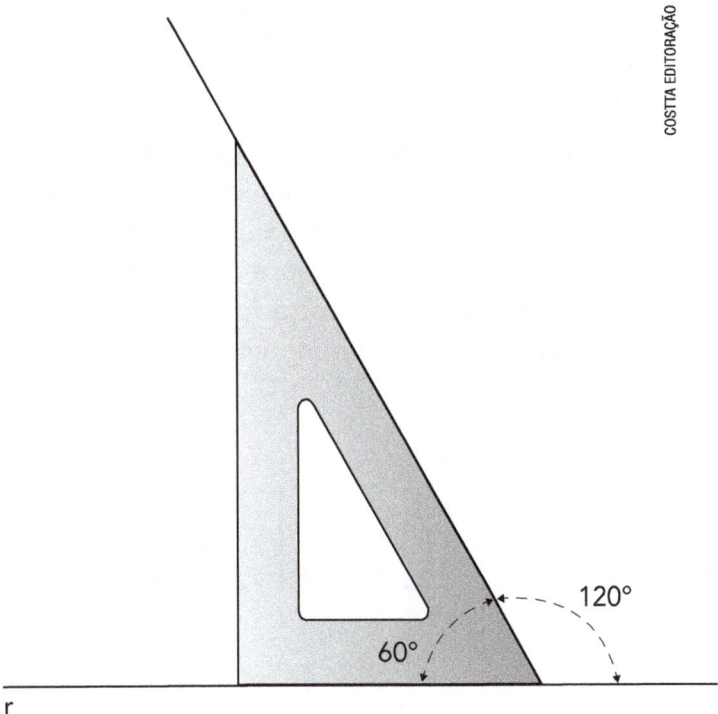

Ângulo de 90°

Para demarcar o ângulo de 90°, é possível utilizar ambos os esquadros. Observe as imagens a seguir.

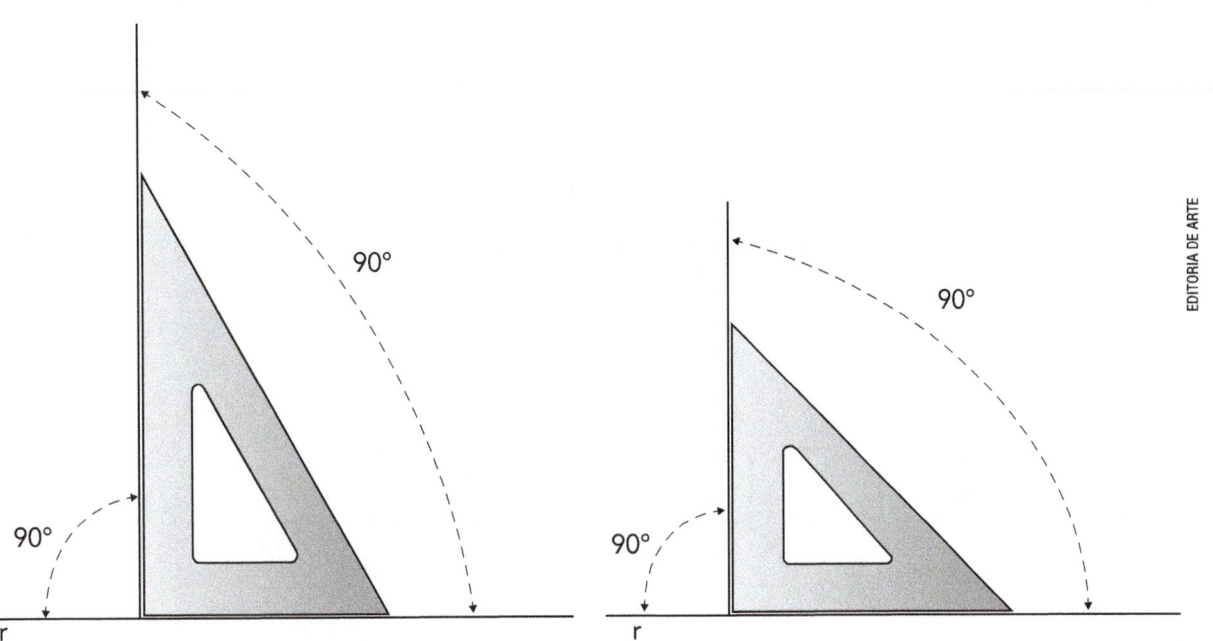

Letras e algarismos

As letras e os algarismos do tipo bastão são os mais utilizados em desenhos técnicos, pois são fáceis de fazer e atendem aos critérios como legibilidade e uniformidade, exigidos neste tipo de escrita.

As linhas de base devem ser claras e ter a mesma espessura. Já a largura entre cada linha deve ser a mesma, tanto para as letras maiúsculas, quanto para as minúsculas. Os algarismos devem ter a mesma altura das letras maiúsculas; além disso, em uma frase, por exemplo, é importante que o espaçamento entre linhas, entre caracteres e entre palavras seja padronizado. No exemplo a seguir, observe a direção e o sentido das flechas que acompanham os respectivos modelos.

TÓPICO 2: INTRODUÇÃO À GEOMETRIA

Ponto, reta e plano

Ao observar nosso redor, certas ideias formam-se em nossa mente de modo intuitivo. Por exemplo:

Brasil: político

Fonte: IBGE. **Atlas geográfico escolar**. Rio de Janeiro, 2012.

> A representação de uma cidade no mapa nos dá a ideia de **ponto**.

> Os trilhos de um trem nos dão a ideia de **retas**.

- Uma folha de papel nos dá a ideia de **plano**.

Em Geometria, ideias intuitivas como essas são aceitas sem definição. Desse modo, podemos dizer que o ponto, a reta e o plano são entes geométricos intuitivos.

Representação

O ponto, a reta e o plano são designados por símbolos e graficamente assim representados:

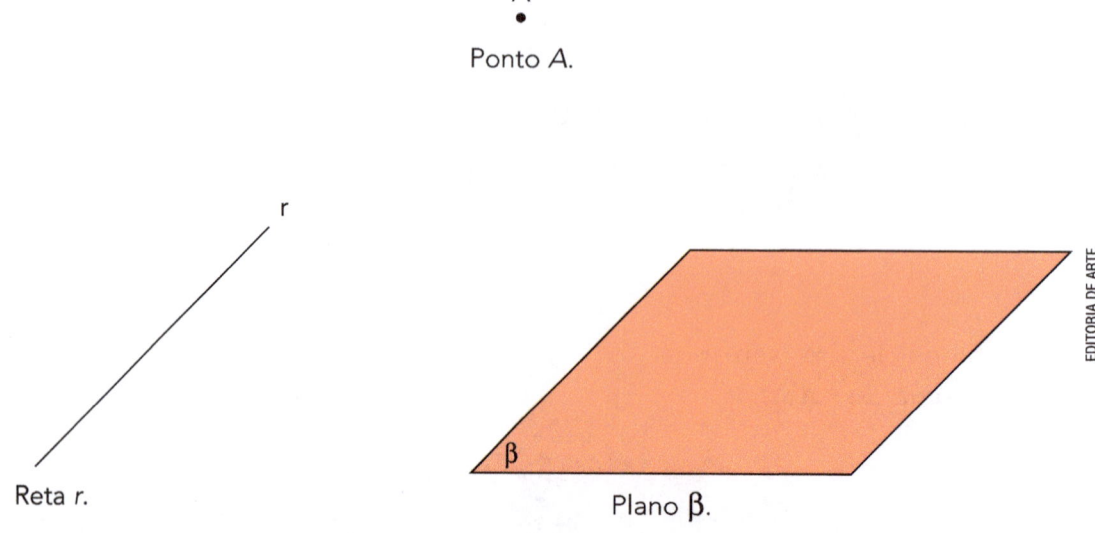

Ponto A.

Reta r.

Plano β.

Geralmente indicamos:
- os pontos usando letras maiúsculas do nosso alfabeto;
- as retas usando letras minúsculas do nosso alfabeto;
- os planos usando letras minúsculas do alfabeto grego: α (alfa), β (beta), γ (gama), e assim por diante.

Consideramos que:

- o plano é um conjunto de infinitos pontos;

ILUSTRAÇÕES: EDITORIA DE ARTE

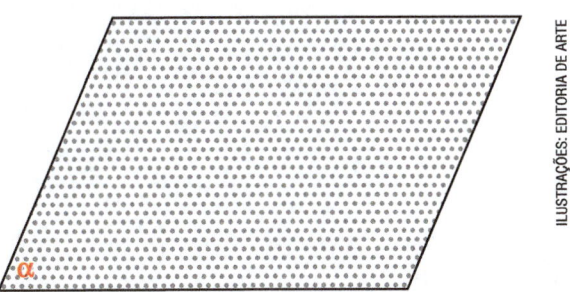

- a reta é um conjunto de infinitos pontos alinhados.

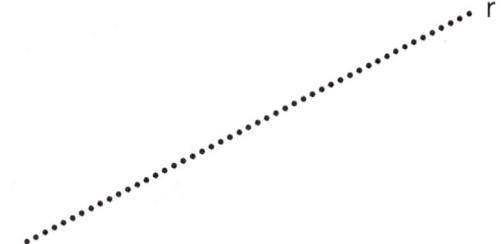

Na figura ao lado, temos:

- o ponto *A*, que pertence à reta *r*;
- o ponto *B*, que não pertence à reta *r*.

Indicamos assim: $A \in r$ e $B \notin r$.

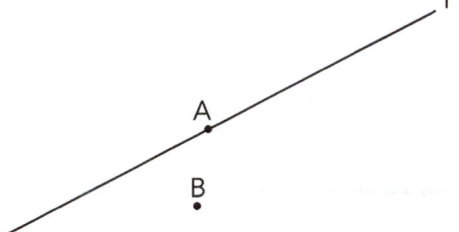

Na figura ao lado, temos que:

- o ponto *P* pertence ao plano α;
- a reta *r* está contida no plano α.

Indicamos assim: $P \in \alpha$ e $r \subset \alpha$.

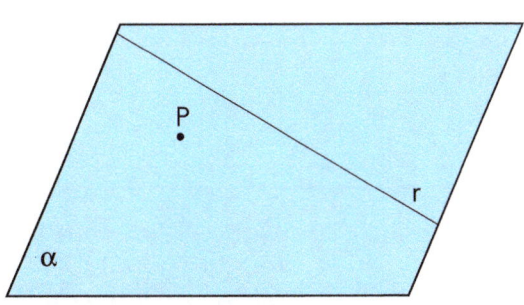

Figura geométrica plana e figura geométrica não plana

A fotografia ao lado mostra-nos uma carteira com uma folha de papel branco cobrindo quase toda a superfície do tampo.

A folha de papel, sem considerar suas dimensões, nos dá a ideia de **plano**.

Podemos desenhar um retângulo nessa folha. Esse retângulo é uma **figura geométrica plana**, pois tem todos os seus pontos no mesmo plano: a folha de papel.

> A figura geométrica que tem todos os seus pontos no mesmo plano é denominada **figura geométrica plana**.

Agora, na fotografia ao lado há um dado sobre o tampo da carteira.

O dado tem a forma de uma **figura geométrica não plana**, pois nem todos os seus pontos estão situados no mesmo plano, que é o tampo da mesa.

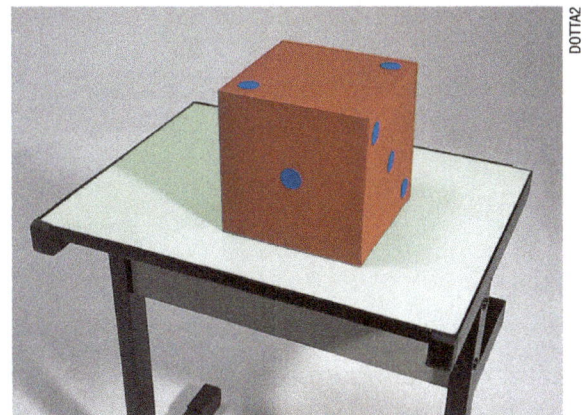

A figura geométrica que não tem todos os seus pontos no mesmo plano é denominada **figura geométrica não plana**.

- Este cartaz nos dá a ideia de uma **figura geométrica plana**.

- Uma maquete nos dá a ideia de uma **figura geométrica não plana**.

DESENHANDO COM A BNCC

▶ Iniciando no GeoGebra

O GeoGebra é um *software* de dinâmica, criado em 2001, traduzido para diversos idiomas e utilizado em vários países. Nele, é possível realizar o tratamento dinâmico de figuras, verificar propriedades e investigar construções obtidas a partir de ferramentas e comandos próprios do *software*.

E o que significa ser **dinâmico**? Significa que, uma vez que o objeto matemático é feito, nós podemos movimentar pontos ou partes dele, fazendo que se adapte ao movimento realizado.

Por ser uma ferramenta de estudo tão útil, vamos conhecer algumas partes do GeoGebra ao longo deste Volume, a fim de realizar construções geométricas em outros momentos.

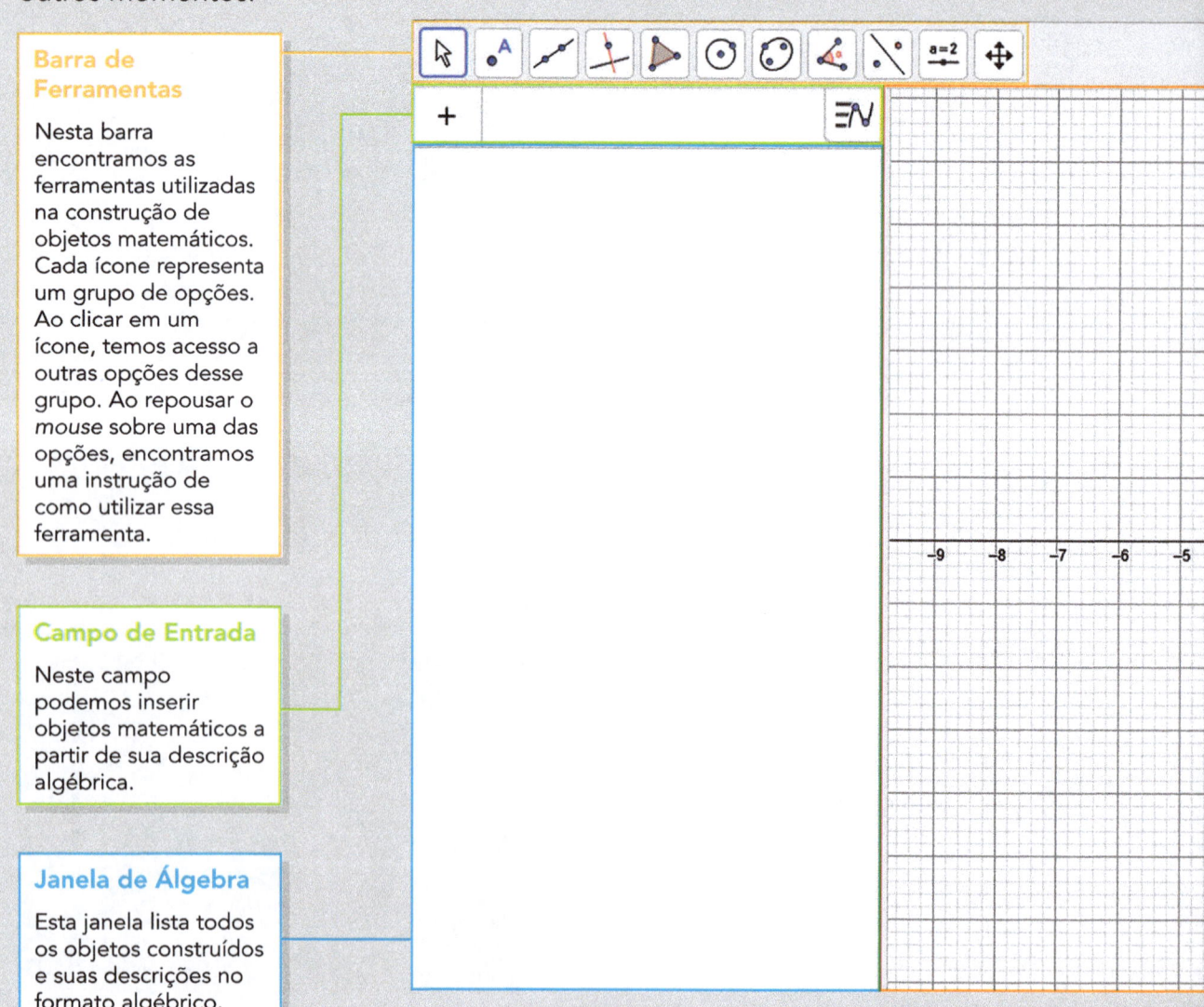

Barra de Ferramentas

Nesta barra encontramos as ferramentas utilizadas na construção de objetos matemáticos. Cada ícone representa um grupo de opções. Ao clicar em um ícone, temos acesso a outras opções desse grupo. Ao repousar o *mouse* sobre uma das opções, encontramos uma instrução de como utilizar essa ferramenta.

Campo de Entrada

Neste campo podemos inserir objetos matemáticos a partir de sua descrição algébrica.

Janela de Álgebra

Esta janela lista todos os objetos construídos e suas descrições no formato algébrico.

Para ter acesso ao GeoGebra, podemos escolher entre as duas opções seguintes.

1 Realizar o *download* da versão mais recente do programa **GeoGebra Clássico** em <https://www.geogebra.org/download> (acesso em: 21 mar. 2021) e instalá-lo no computador.

2 Usar a versão *on-line* do GeoGebra, disponível em <https://www.geogebra.org/classic> (acesso em: 21 mar. 2021).

Uma vez instalado, o GeoGebra já está pronto para ser utilizado. Ao abrir o programa, podemos destacar quatro partes.

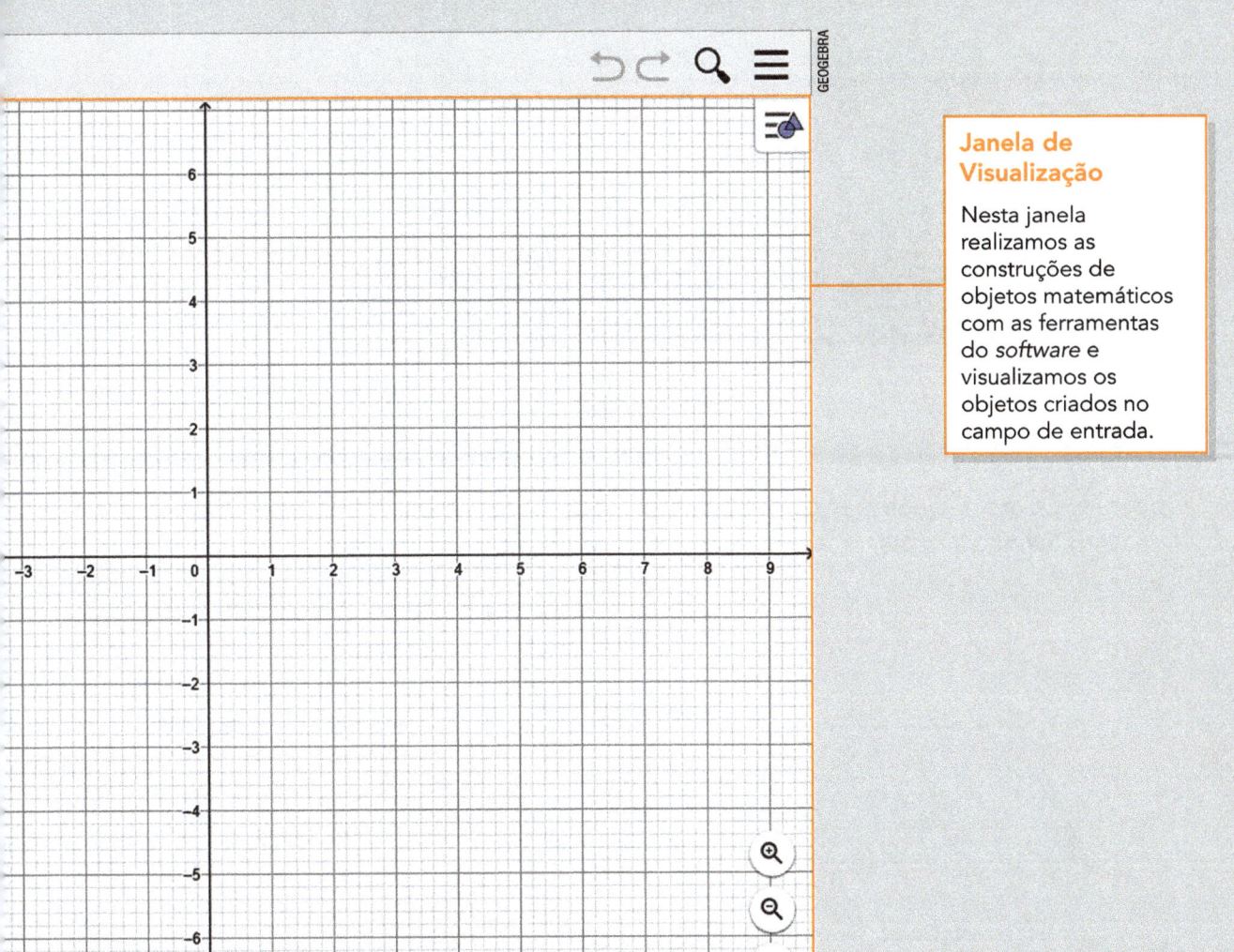

Janela de Visualização

Nesta janela realizamos as construções de objetos matemáticos com as ferramentas do *software* e visualizamos os objetos criados no campo de entrada.

TÓPICO 3 - ESTUDO DA RETA E DE SUAS PARTES

A reta

Uma reta é infinita, isto é, não tem começo nem fim. E por ser imaginada sem começo nem fim, é impossível desenhar uma reta em uma folha de papel, por exemplo.

Na figura abaixo, está representada uma parte da reta *r*. Para indicar sua representação, utilizamos letras minúsculas do nosso alfabeto.

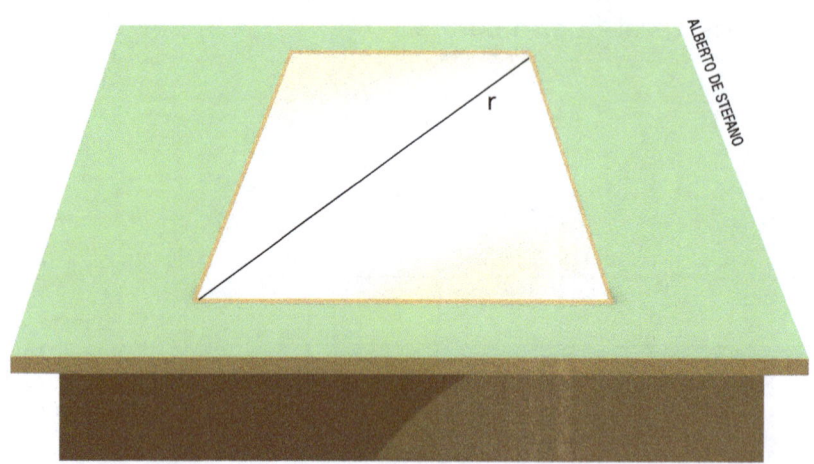

Observe que:

- por um ponto *P* qualquer do plano passam **infinitas retas**;

- por dois pontos distintos, *A* e *B*, passa uma e só uma reta.

    A reta *r* que passa por *A* e *B* pode também ser indicada assim: $\overleftrightarrow{AB}$.

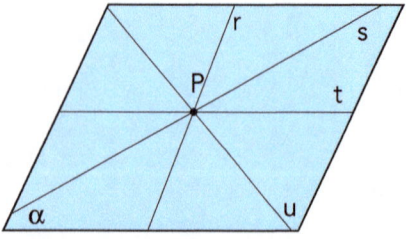

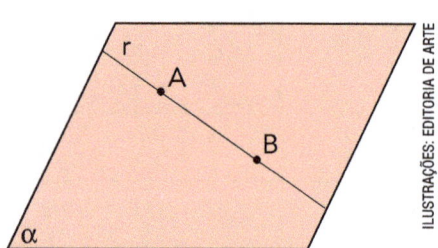

Posições de uma reta

Observe as fotografias a seguir.

> O encontro de duas paredes nos dá a ideia de reta. Em relação ao chão, essa reta ocupa a **posição vertical**.

> O encontro de uma parede com o teto também nos dá a ideia de reta. Em relação ao chão, essa reta ocupa a **posição horizontal**.

> O cabo de aço destacado na fotografia ao lado também nos dá a ideia de reta. Em relação ao solo, essa reta ocupa a **posição inclinada**.

Modelo matemático das retas em relação ao plano α:

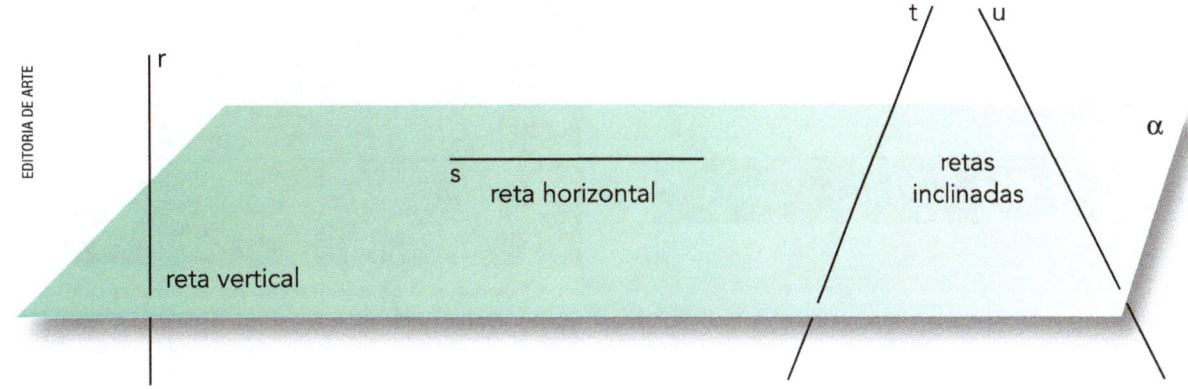

Posições relativas de duas retas

Você está vendo uma folha de papel apoiada sobre uma mesa. Essa folha de papel nos dá a ideia de **plano**. O plano é imaginado sem limite em todas as direções.

▸ Veja, agora, as retas *r* e *s* que foram representadas no papel e que se cruzam no ponto *A*. Nesse caso, as retas *r* e *s* são chamadas de **retas concorrentes**.

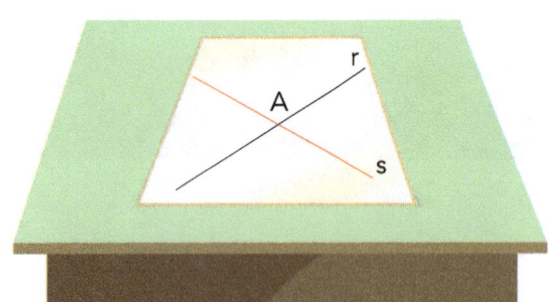

▶ Duas vias que se cruzam nos dão a ideia de **retas concorrentes**.

▸ Agora, as retas *r* e *s* foram representadas sem terem um ponto comum, ou seja, não se cruzam, porém mantêm entre si sempre a mesma distância. Nesse caso, dizemos que as retas *r* e *s* são **retas paralelas** e indicamos assim: r // s (lê-se: reta *r* paralela à reta *s*).

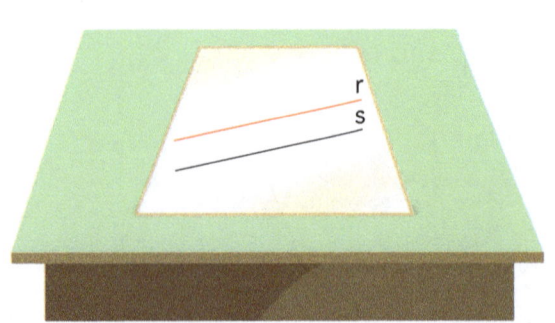

▶ Observe que nessa imagem há estruturas que nos dão a ideia de **retas paralelas**.

Semirreta

Observe, na figura abaixo, a representação da reta *r*. Ela passa pelo ponto *A* e pelo ponto *B* e, por ser uma reta, sabemos que não tem começo nem fim.

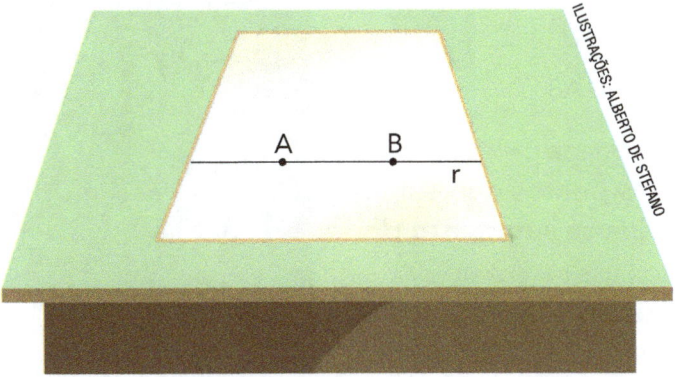

Considere a parte da reta com origem no ponto *A* e que passa pelo ponto *B*.

Essa parte da reta é denominada **semirreta com origem no ponto A e que passa pelo ponto B**. Indicamos assim: $\overrightarrow{AB}$.

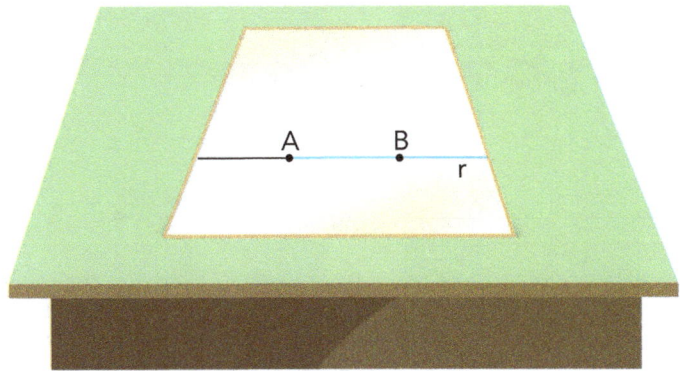

Considere, agora, a parte da reta com origem no ponto *B* e que passa pelo ponto *A*. Essa parte da reta é chamada de **semirreta com origem no ponto B e que passa pelo ponto A**. Indicamos assim: $\overrightarrow{BA}$.

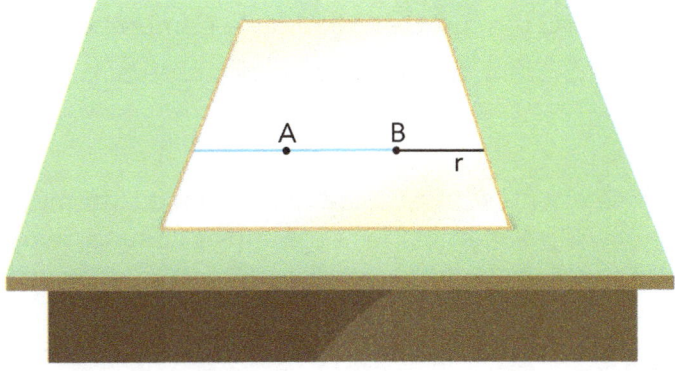

A **semirreta** tem origem e é infinita em apenas um sentido.

Segmento de reta

Considere uma reta *r* e dois de seus pontos, *A* e *B*, distintos.

Segmento AB.

A parte da reta formada pelos pontos *A* e *B* e por todos os pontos que estão entre *A* e *B* denomina-se **segmento de reta**, que indicamos assim: $\overline{AB}$ ou $\overline{BA}$.

No segmento de reta AB, os pontos *A* e *B* são denominados **extremidades do segmento**.

A reta *r*, que contém o segmento AB, é denominada **reta suporte**.

▶ As grades do portão lembram segmentos de reta.

Segmentos consecutivos

Observe abaixo os segmentos AB, BC, DE e EF.

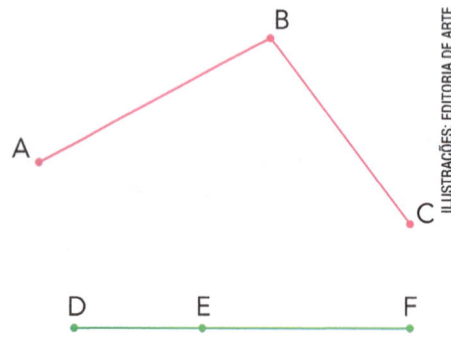

Os segmentos AB e BC têm uma extremidade comum: o ponto *B*.
Os segmentos DE e EF têm uma extremidade comum: o ponto *E*.

> Dois segmentos de reta que tenham uma extremidade comum são denominados **segmentos consecutivos**.

Nos exemplos dados:

- $\overline{AB}$ e $\overline{BC}$ são segmentos consecutivos;
- $\overline{DE}$ e $\overline{EF}$ são segmentos consecutivos.

Segmentos colineares

Na figura abaixo, os segmentos AB e BC têm a mesma reta suporte: a reta *r*.

Nesta figura, os segmentos MN e PQ têm a mesma reta suporte: a reta *r*.

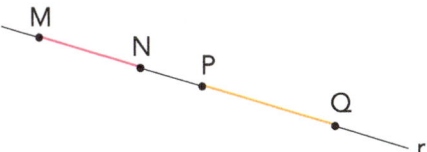

> Dois segmentos que estejam na mesma reta suporte são denominados **segmentos colineares**.

Nos exemplos dados:

- $\overline{AB}$ e $\overline{BC}$ são segmentos colineares;
- $\overline{MN}$ e $\overline{PQ}$ são segmentos colineares.

Os segmentos AB e BC são consecutivos e colineares.

Medida de um segmento

Considere os segmentos AB e CD das figuras a seguir.

Usando um compasso, é possível verificar que o segmento CD "cabe" cinco vezes no segmento AB, ou seja, a medida do segmento AB é 5 quando tomamos como unidade o segmento CD.

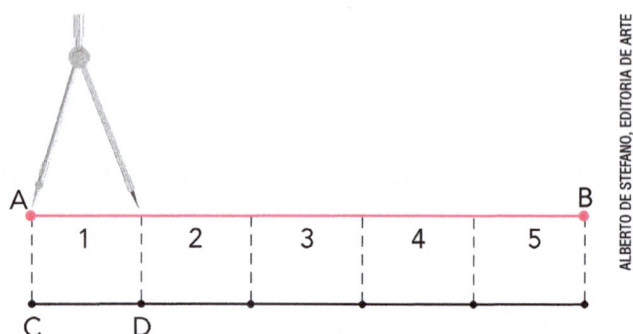

Pode-se indicar as medidas dos segmentos AB e CD assim:

- med $(\overline{AB})$ = AB
- med $(\overline{CD})$ = CD

Tomando o segmento CD como unidade de medida, pode-se dizer que:

$$\text{med}\,(\overline{AB}) = AB = 5 \cdot CD$$

Chamamos de **unidade de medida** o segmento usado na comparação, nesse caso CD, com o segmento de reta que se pretende medir.

Agora, considerando como unidade de medida ⊢―ˣ―⊣ e observando a figura seguinte, tem-se:

AB = 3x
BC = 6x
AC = AB + BC = 3x + 6x = 9x

Segmentos congruentes

Observe os segmentos AB e CD desenhados abaixo:

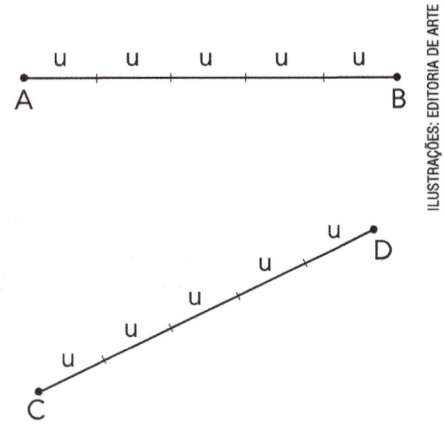

Considerando 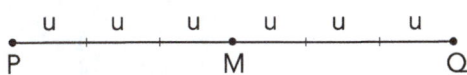 como unidade de medida, tem-se AB = 5 u, CD = 5 u e os segmentos AB e CD têm a mesma medida.

Dizemos que $\overline{AB}$ e $\overline{CD}$ são segmentos congruentes e indicamos assim: $\overline{AB} \cong \overline{CD}$ (lê-se: $\overline{AB}$ é congruente a $\overline{CD}$).

indica congruência

> Dois segmentos que tenham a mesma medida, tomada na mesma unidade de medida, são denominados **segmentos congruentes**.

Quando um ponto M divide um segmento PQ em dois segmentos congruentes, dizemos que M é o **ponto médio** do segmento PQ.

- PM = 3 u e MQ = 3 u.
- $\overline{PM} \cong \overline{MQ}$.
- M é o ponto médio de $\overline{PQ}$.

TÓPICO 4 POLÍGONOS

Linhas poligonais

As figuras abaixo são **curvas abertas simples**.

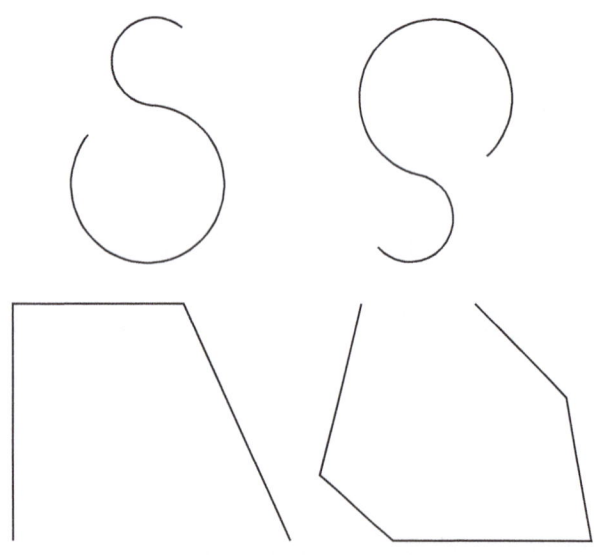

▶ Uma estrada como a da fotografia nos dá a ideia de uma curva aberta simples.

As figuras seguintes, nas quais há pontos de intersecção, são **curvas abertas não simples**.

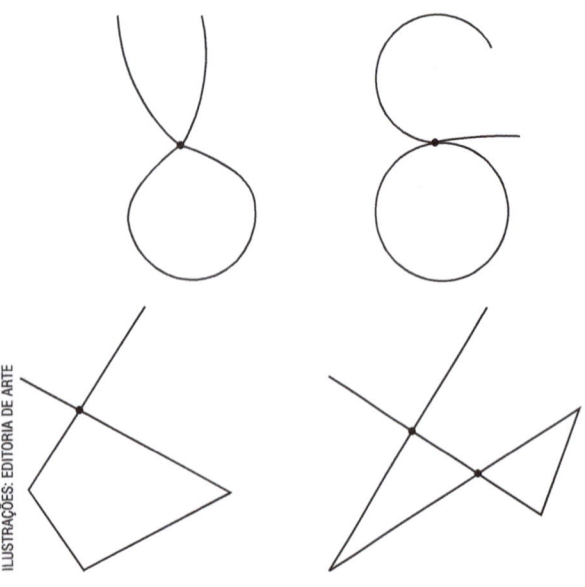

▶ O formato da estrada na fotografia nos dá a ideia de uma curva aberta não simples.

As curvas abertas formadas por dois ou mais segmentos de reta, como as figuras a seguir, são denominadas **linhas poligonais abertas** ou, simplesmente, **poligonais abertas**.

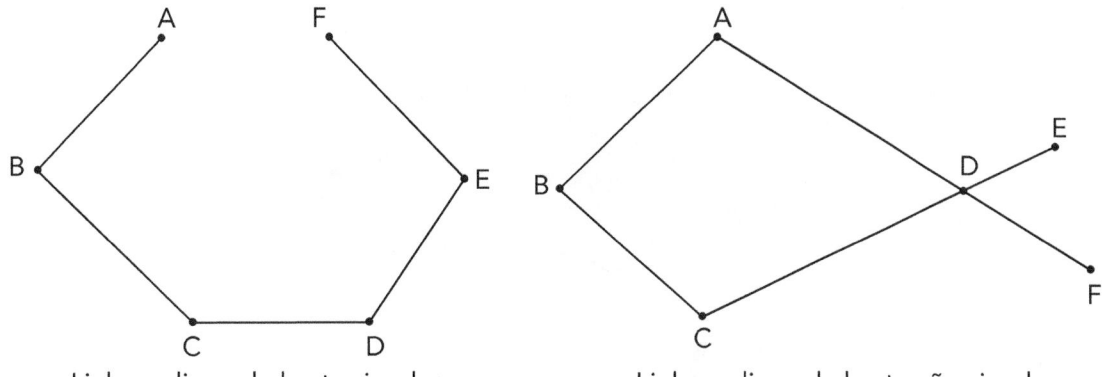

Linha poligonal aberta simples.   Linha poligonal aberta não simples.

As figuras abaixo são **curvas fechadas simples**.

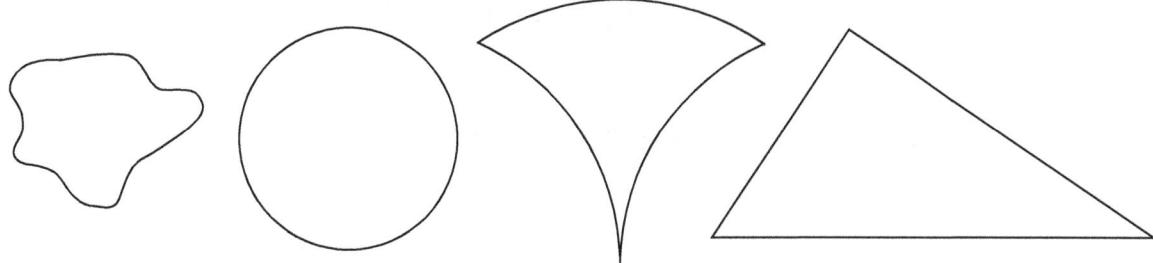

Já as figuras a seguir são **curvas fechadas não simples**.

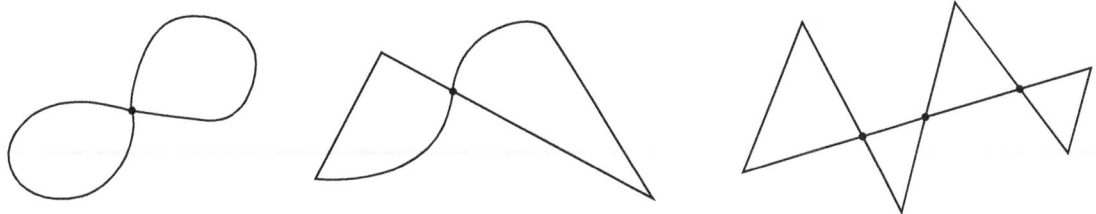

As curvas fechadas formadas por segmentos de reta são denominadas **linhas poligonais fechadas** ou **poligonais fechadas**.

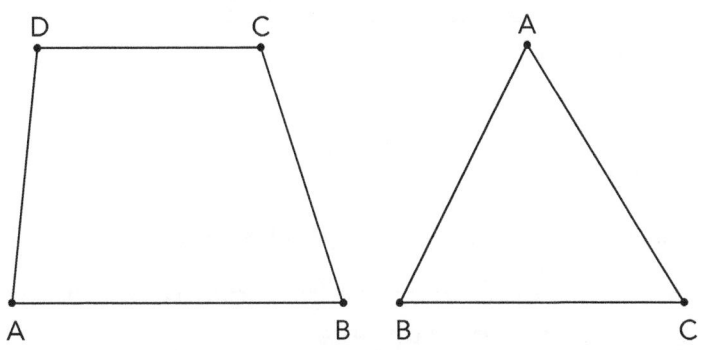

Linhas poligonais fechadas simples.

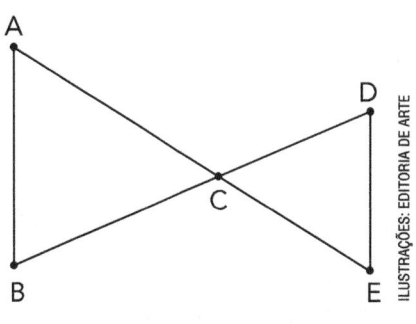

Linha poligonal fechada não simples.

Regiões convexas e não convexas

Uma curva fechada simples divide um plano em duas regiões, sem pontos comuns:

região externa

- a região dos pontos internos ou **região interna** (RI);
- a região dos pontos externos ou **região externa** (RE).

Observando a figura seguinte, verificamos que:

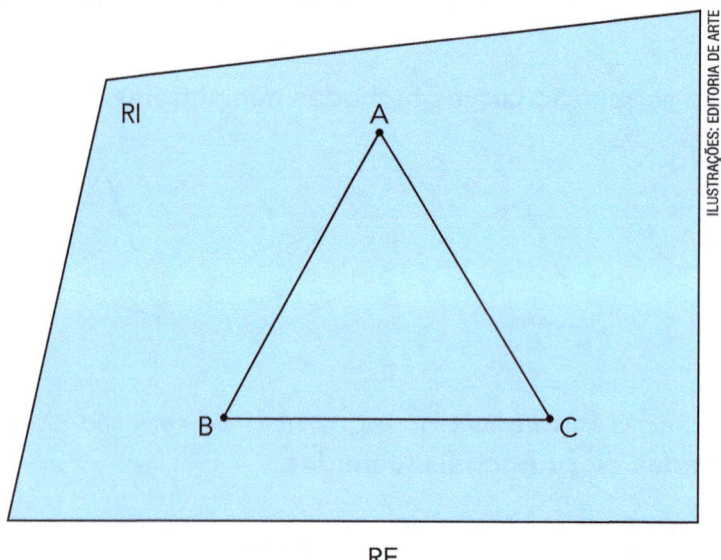

- os pontos A, B e C são pontos da região interna;
- os segmentos AB, BC e CA estão todos contidos na região interna.

Isso também se aplica a qualquer outro segmento cujas extremidades são pontos da região interna. Por isso, dizemos que a região é **convexa**.

Nesta outra figura, verificamos que:

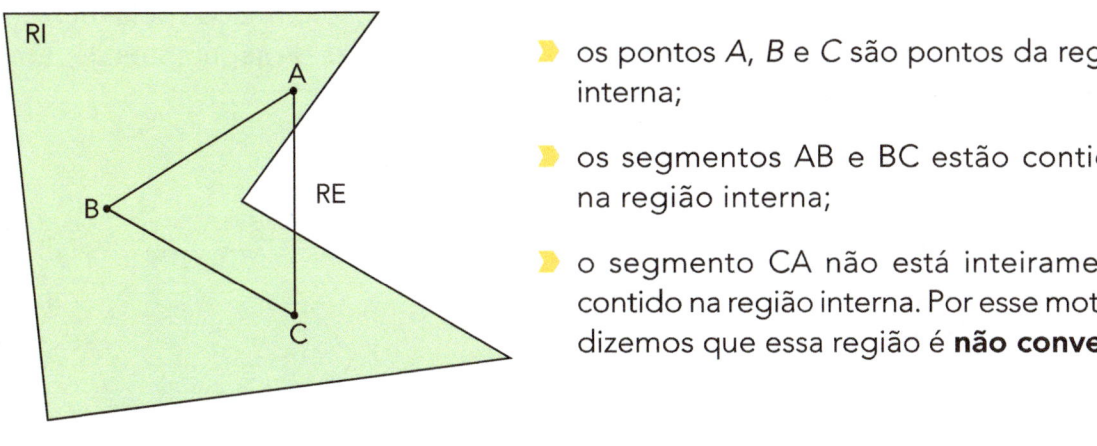

- os pontos *A*, *B* e *C* são pontos da região interna;
- os segmentos AB e BC estão contidos na região interna;
- o segmento CA não está inteiramente contido na região interna. Por esse motivo, dizemos que essa região é **não convexa**.

Veja exemplos de:

- regiões convexas;

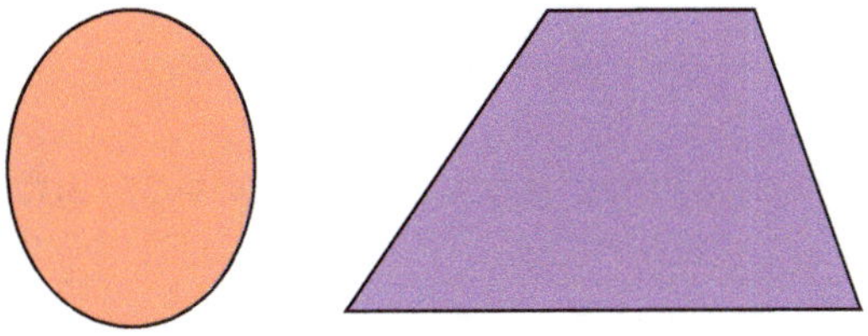

- regiões não convexas.

ILUSTRAÇÕES: EDITORIA DE ARTE

Piscina com forma **não convexa**.

MIGUEL PEREIRA/ALAMY/FOTOARENA

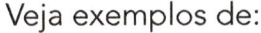

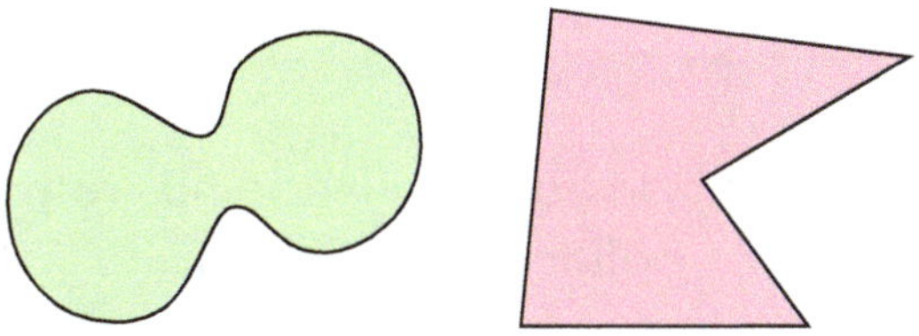

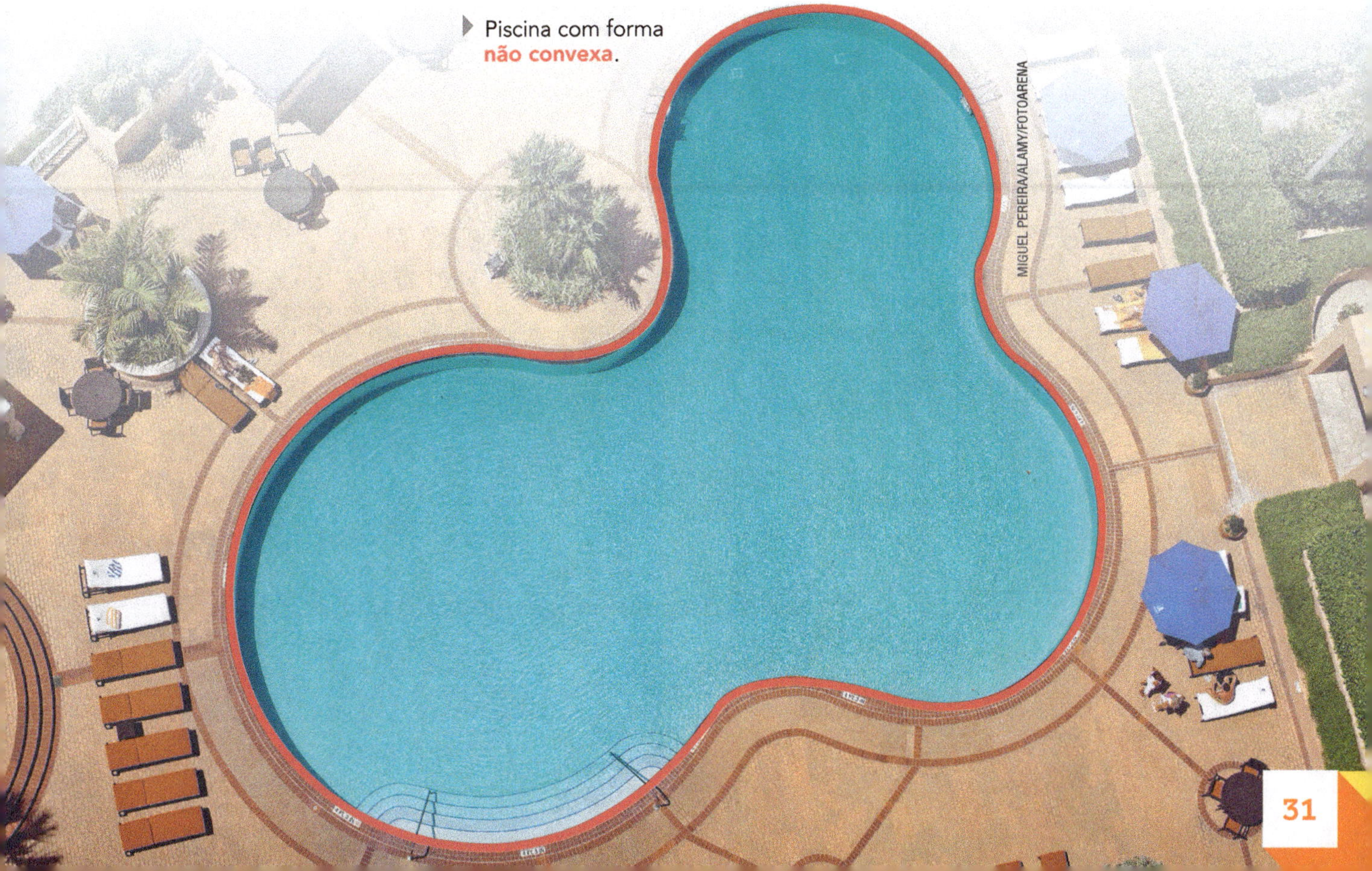

O que são polígonos

As figuras geométricas planas apresentadas a seguir são formadas pela reunião de uma **linha poligonal fechada simples** (composta apenas de segmentos de reta) com sua **região interna**. Elas são chamadas de **polígonos**.

Os polígonos podem ser convexos ou não convexos.

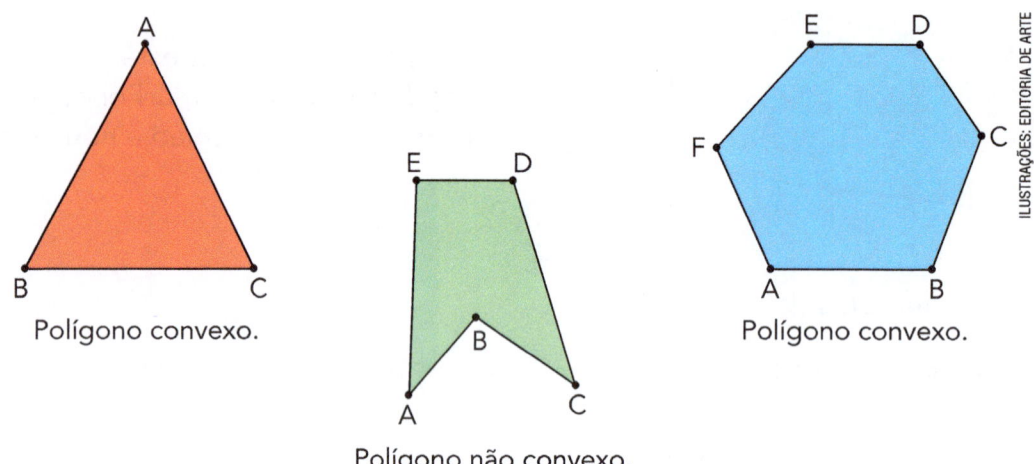

A partir de agora, quando nos referirmos a polígonos, estaremos considerando apenas os polígonos convexos.

Lados e vértices de um polígono

Observe a seguir os polígonos ABC e MNPQ.

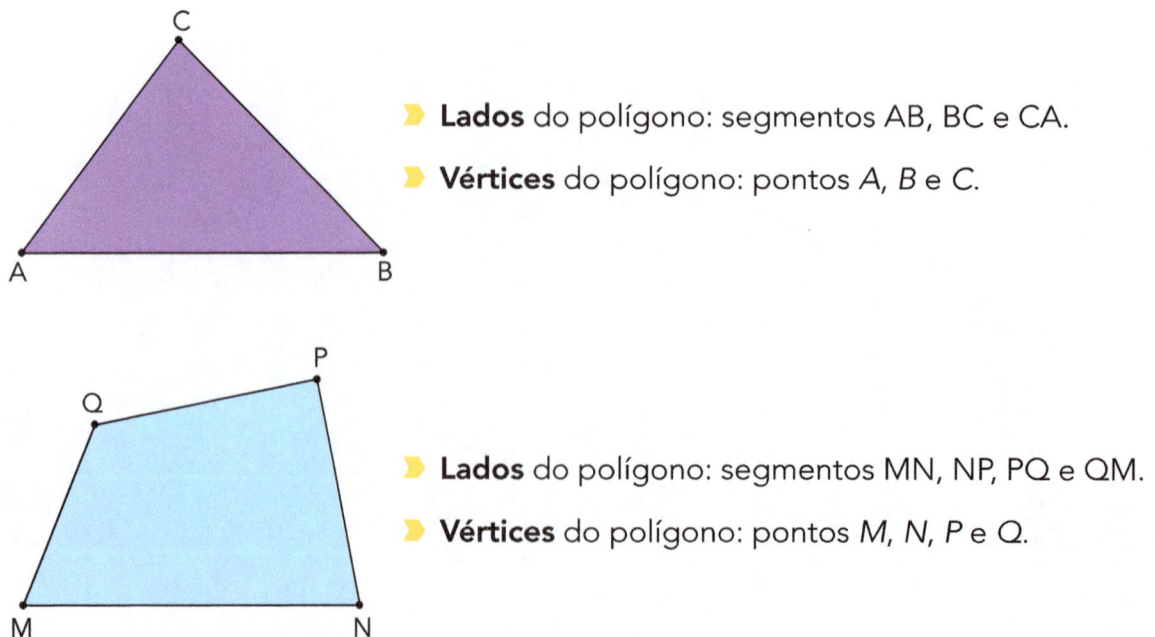

- **Lados** do polígono: segmentos AB, BC e CA.
- **Vértices** do polígono: pontos A, B e C.

- **Lados** do polígono: segmentos MN, NP, PQ e QM.
- **Vértices** do polígono: pontos M, N, P e Q.

Nome dos polígonos

De acordo com a quantidade de lados, alguns polígonos recebem nomes particulares:

Quantidade de lados	Nome
3	Triângulo
4	Quadrilátero
5	Pentágono
6	Hexágono
7	Heptágono
8	Octógono
9	Eneágono
10	Decágono
11	Undecágono
12	Dodecágono
15	Pentadecágono
20	Icoságono

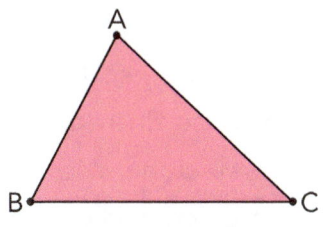
3 lados: triângulo.

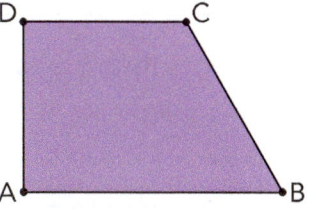
4 lados: quadrilátero.

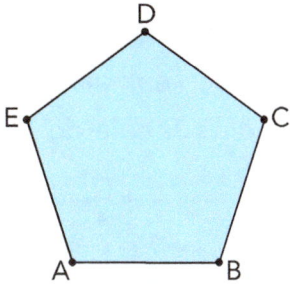
5 lados: pentágono.   6 lados: hexágono.

No caso de outros polígonos, dizemos apenas polígono de x lados, exemplo: polígono de 17 lados.

▶ Alguns terrenos delimitados para o cultivo de alimentos têm formas que lembram alguns **polígonos**.

33

DESENHANDO COM A BNCC

▶ Inserindo objetos no GeoGebra

Vamos explorar um pouco duas possibilidades para inserir objetos matemáticos no GeoGebra: pelas ferramentas do *software* e criando-os diretamente na **Janela de Visualização** ou no **Campo de Entrada**.

O modo mais intuitivo é selecionar as opções da **Barra de Ferramentas**, pensando no objeto que queremos criar, clicar na **Janela de Visualização** e inserir, se necessário, parâmetros para a construção. Uma vez criado o objeto, também aparecerá a descrição algébrica dele na **Janela de Álgebra**.

Se optarmos por usar o **Campo de Entrada**, devemos digitar nele o formato algébrico do objeto matemático e finalizar com *Enter*. O objeto aparecerá, então, na **Janela de Visualização** e na **Janela de Álgebra**.

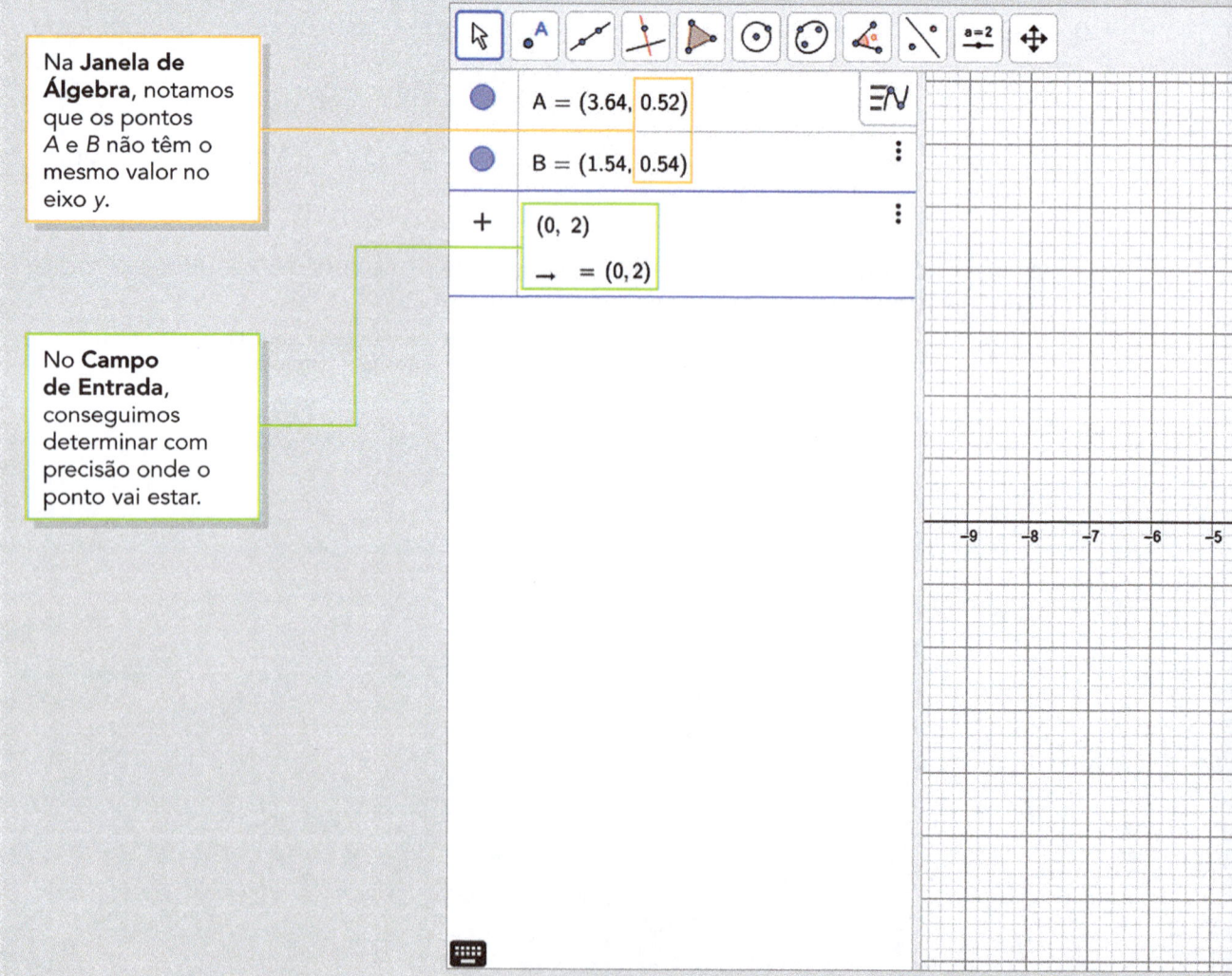

Na **Janela de Álgebra**, notamos que os pontos *A* e *B* não têm o mesmo valor no eixo *y*.

No **Campo de Entrada**, conseguimos determinar com precisão onde o ponto vai estar.

Mas por que há esses dois modos de construção? Algumas vezes, estamos interessados em fazer uma construção sem nos preocupar com a posição que os objetos vão ocupar no plano cartesiano. Quando isso acontece, nós podemos usar diretamente as ferramentas do *software*.

Em outros casos, pode ser necessário garantir a posição exata do objeto, por exemplo: se queremos dois pontos que tenham o mesmo valor no eixo *y*, podemos inserir esses pontos pelo **Campo de Entrada**, uma vez que acertar exatamente a posição de um ponto é uma tarefa muito sutil para ser feita pelo *mouse*.

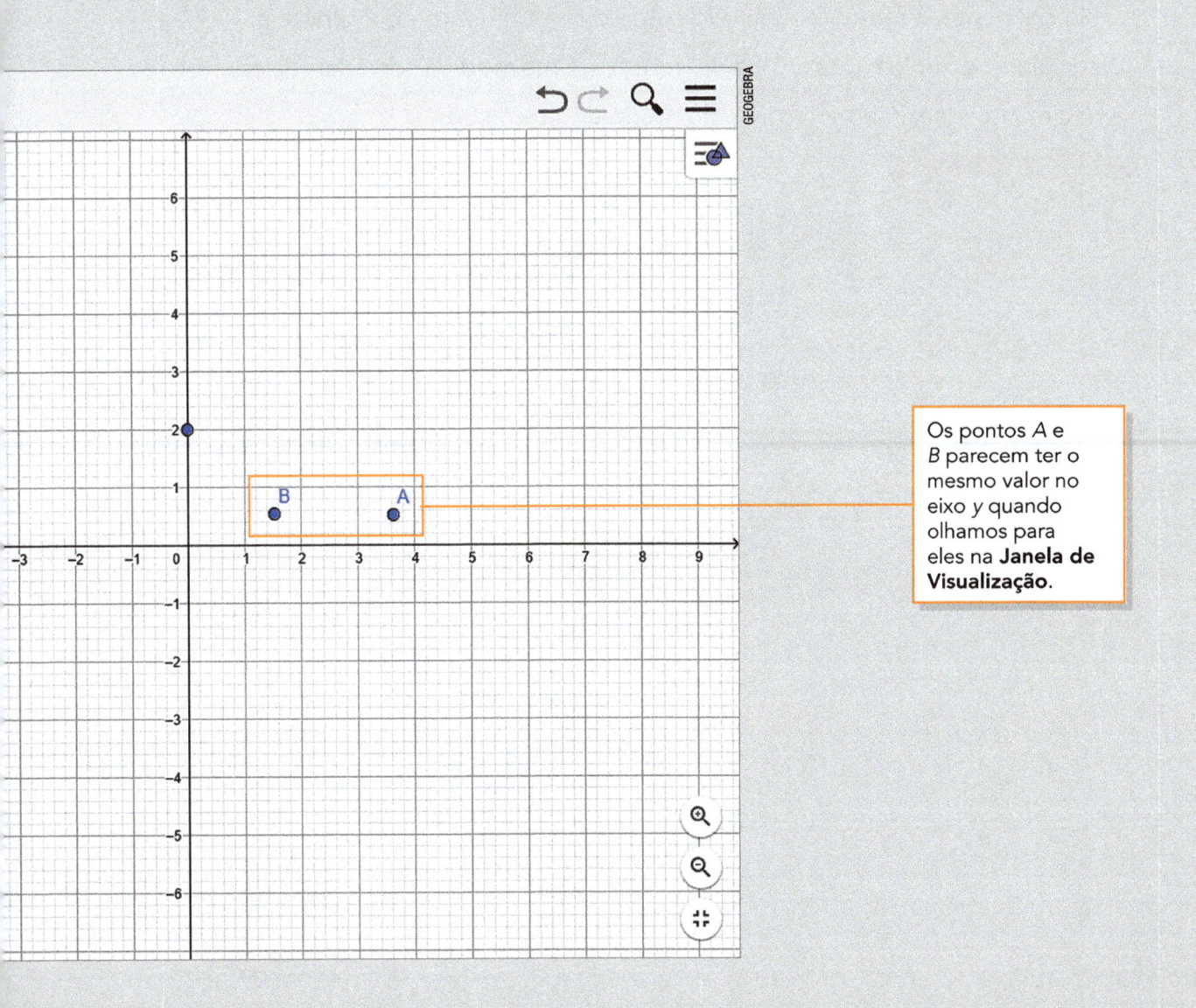

Os pontos *A* e *B* parecem ter o mesmo valor no eixo *y* quando olhamos para eles na **Janela de Visualização**.

TÓPICO 5 — MEDIDAS DE COMPRIMENTO

Determinação do metro

Durante muito tempo, as pessoas usaram partes do corpo como o pé, a mão e o braço como unidade para medir comprimentos. Com isso, encontravam diferenças muito grandes entre os resultados obtidos, pois a unidade de medida variava de uma pessoa para outra.

Para uniformizar as medidas, no fim do século XVIII, em 1795, uma comissão de cientistas estabeleceu um sistema universal de medidas denominado **sistema métrico decimal**, que tem como unidade padrão o **metro**.

Inicialmente, o metro foi definido como o comprimento equivalente a $\frac{1}{10\,000\,000}$ da distância do Polo Norte à linha do equador. Uma medida considerada equivalente à décima milionésima parte de $\frac{1}{4}$ do meridiano terrestre.

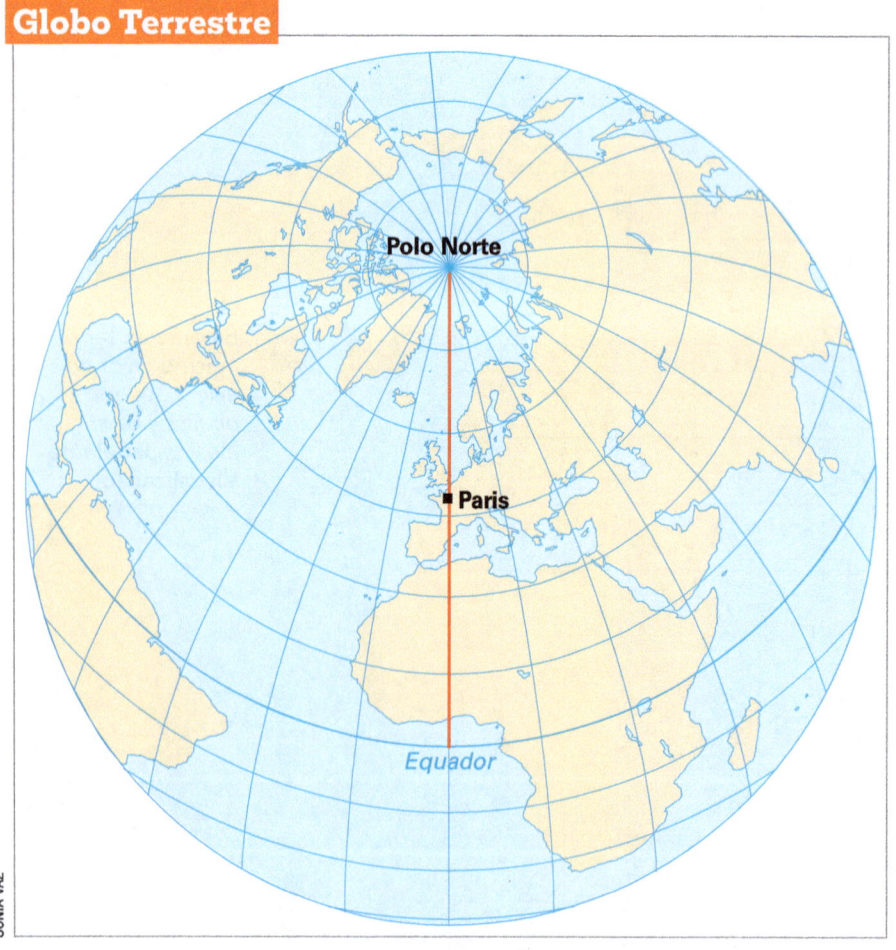

Globo Terrestre

> Metro: a distância do Polo Norte à linha do equador dividida em 10 milhões de partes iguais.

Fonte: GIRARDI, Gisele; ROSA, Jussara Vaz. **Novo atlas geográfico do estudante**. São Paulo: FTD, 2011.

Em 1989, o comprimento do metro foi materializado sobre uma barra de metal nobre e guardada no Escritório Internacional de Pesos e Medidas, na França. No Brasil, uma cópia do metro padrão pode ser encontrada no Museu Histórico Nacional, no Rio de Janeiro. Essa barra é chamada de **metro do arquivo** por não ser mais utilizada.

Com o desenvolvimento de instrumentos de medição mais precisos, em 1983, na 17ª Conferência Geral de Pesos e Medidas, aprovou-se uma nova definição do metro: comprimento do trajeto percorrido pela luz no vácuo durante um intervalo de tempo de $\frac{1}{299\,792\,458}$ de segundo.

Em maio de 2019, entraram em vigor as novas definições das sete grandezas fundamentais que compõem o Sistema Internacional (SI). Com isso, atualmente, o metro é definido fixando o valor numérico da velocidade da luz no vácuo em 299 792 458 em m/s^{-1}, em que o segundo é definido em função da frequência de césio.

Vale destacar que as mudanças propostas pelo SI não causam nenhum impacto no dia a dia. Ou seja, no cotidiano, a ideia de metro nas medições é a mesma; alterações como essa têm mais impacto nas comunidades científicas.

Unidades para medir comprimentos

A unidade fundamental para medir comprimentos é o **metro** (m).

Para medir grandes distâncias, usamos os múltiplos do metro; entre eles, o mais utilizado é o **quilômetro** (km).

Para medir pequenas distâncias, usamos os submúltiplos do metro. Os mais utilizados são o **centímetro** (cm) e o **milímetro** (mm).

Múltiplos	Quilômetro	km	1 000 m
	Hectômetro	hm	100 m
	Decâmetro	dam	10 m
Unidade fundamental	Metro	m	1 m
Submúltiplos	Decímetro	dm	0,1 m
	Centímetro	cm	0,01 m
	Milímetro	mm	0,001 m

Usando a régua para medir um segmento

Para medir o segmento AB da figura, é possível utilizar uma régua graduada.

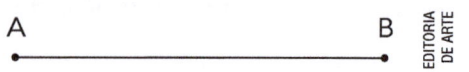

- Tomando como unidade o **centímetro**:

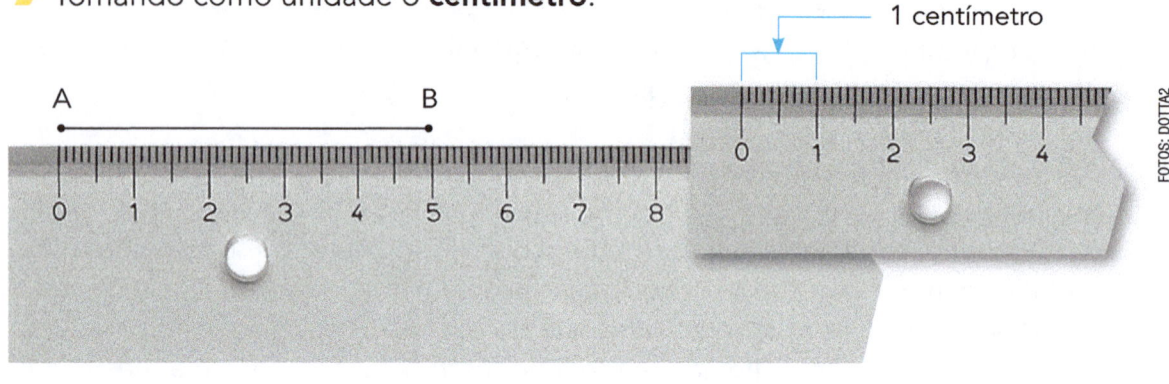

A medida do segmento AB é 5 cm.
AB = 5 cm

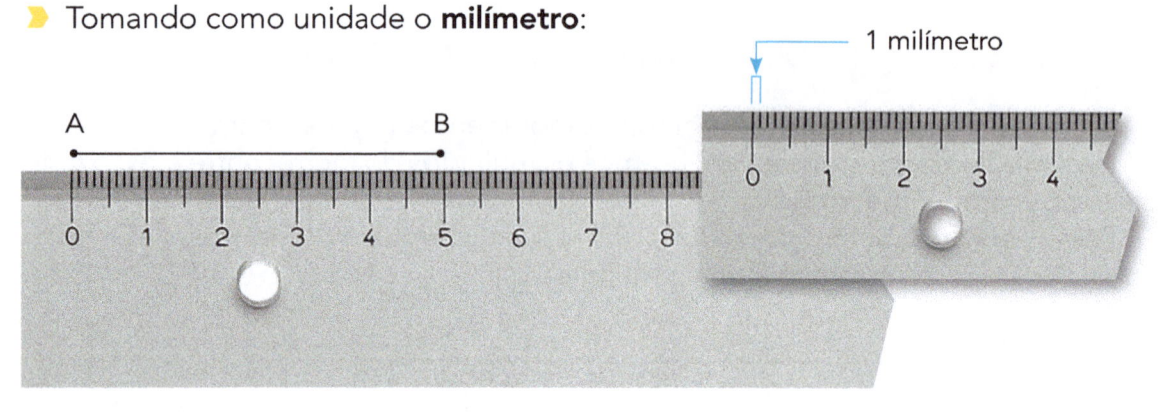

- Tomando como unidade o **milímetro**:

A medida do segmento AB é 50 mm.
AB = 50 mm

Perímetro

A medida do contorno de uma figura plana é chamada de **perímetro**.

Em um polígono, o perímetro pode ser determinado pela soma das medidas de seus lados:

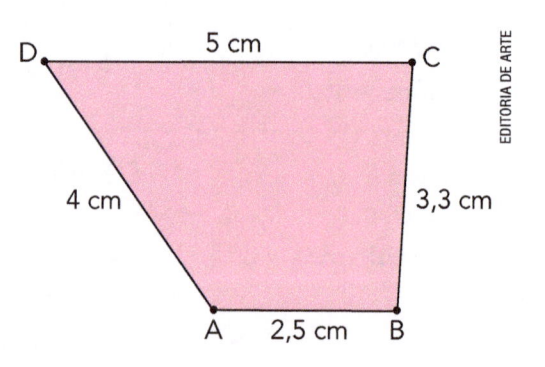

2,5 cm + 3,3 cm + 5 cm + 4 cm = 14,8 cm

Portanto, o perímetro desse polígono é 14,8 cm.

TÓPICO 6 — ÂNGULOS

A figura a seguir representa duas retas de um plano que se cruzam em um ponto e dividem esse plano em quatro regiões. Cada uma delas é chamada de **ângulo**.

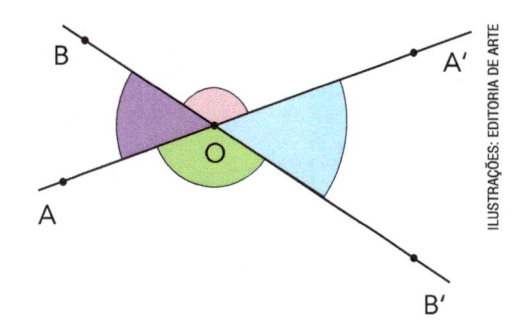

No ângulo a seguir, vamos destacar:

- o ponto O (origem das semirretas), que é denominado **vértice** do ângulo;
- as semirretas OA e OB, que são denominadas **lados** do ângulo;
- o ângulo dado, indicado por AÔB ou BÔA ou, simplesmente, Ô.

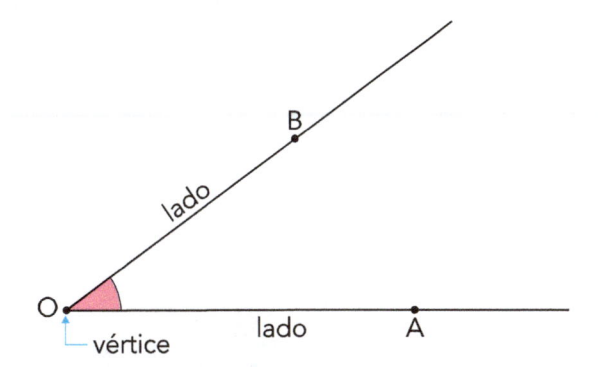

Se $\overrightarrow{OA}$ e $\overrightarrow{OB}$ são semirretas opostas, o ângulo AOB recebe o nome de **ângulo raso** ou de **meia-volta**.

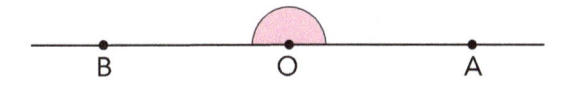

Medida de um ângulo

Medir um ângulo significa encontrar o valor que indica a abertura dele.

O instrumento usual para medir ângulos é o **transferidor**, que tem o grau como unidade principal.

Para medir um ângulo utilizando esse instrumento, procedemos assim:

- coincidimos o centro do transferidor com o vértice do ângulo, e a linha de fé com um dos lados do ângulo;

- a leitura da medida é feita no limbo. Veja um exemplo na foto a seguir.

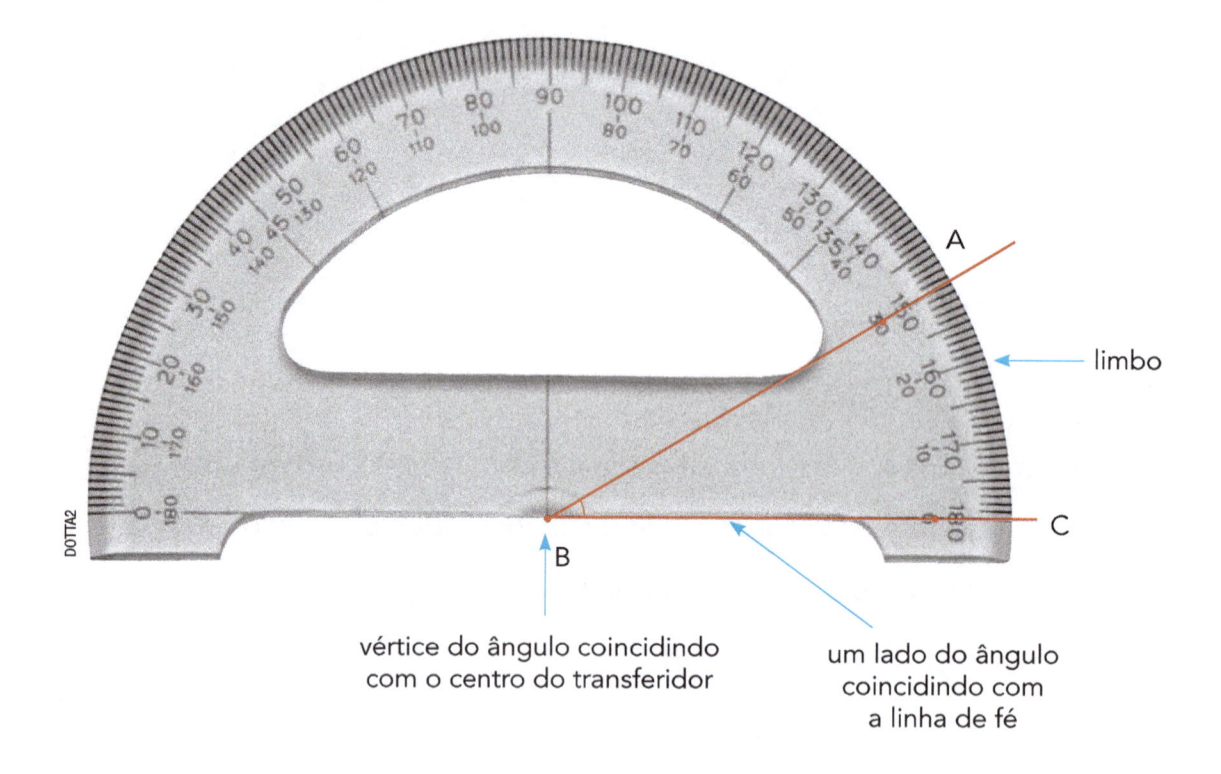

vértice do ângulo coincidindo com o centro do transferidor

um lado do ângulo coincidindo com a linha de fé

A medida do ângulo ABC é 30°. Indica-se assim: med (AB̂C) = 30°.

▶ Nas imagens, podemos visualizar **ângulos** formados pelo corpo em algumas posições de ioga.

Construção de um ângulo com o uso do transferidor

1 Construir um ângulo de 45° com o uso do transferidor

1º passo

Traçamos uma semirreta qualquer OA, que será um dos lados do ângulo.

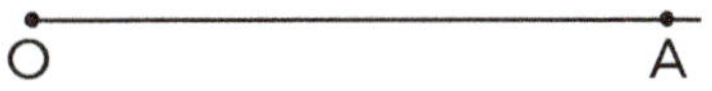

2º passo

Usando o transferidor, fazemos:

- o centro dele coincidir com o ponto O;
- a linha de fé coincidir com a semirreta OA;
- a leitura da graduação no limbo, procurando o valor pedido e marcamos um ponto auxiliar B.

3º passo

Retiramos o transferidor e traçamos a semirreta OB, que será o outro lado do ângulo.

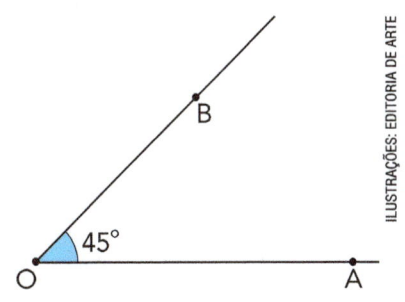

2 Construir um ângulo de 130° com o uso do transferidor

1º passo

Traçamos uma semirreta qualquer OA, que será um dos lados do ângulo.

2º passo

Usando o transferidor, repetimos os procedimentos mencionados no passo 2 da página anterior, considerando, agora, a medida 130°.

3º passo

Retiramos o transferidor e traçamos a semirreta OB, que será o outro lado do ângulo.

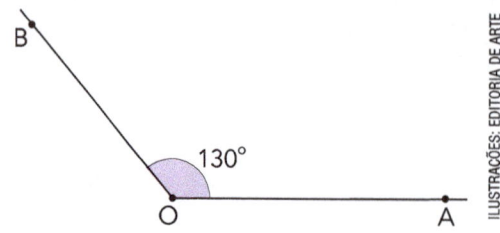

Observe que o transferidor do exemplo apresenta duas graduações, uma externa e outra interna; portanto, o ângulo também poderia ter sido construído com referência na graduação externa. Assim:

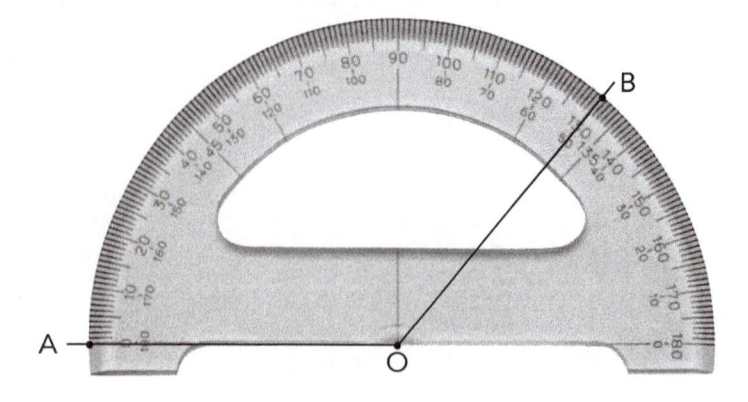

Ângulos congruentes

Considere os ângulos BAC e DEF, representados a seguir.

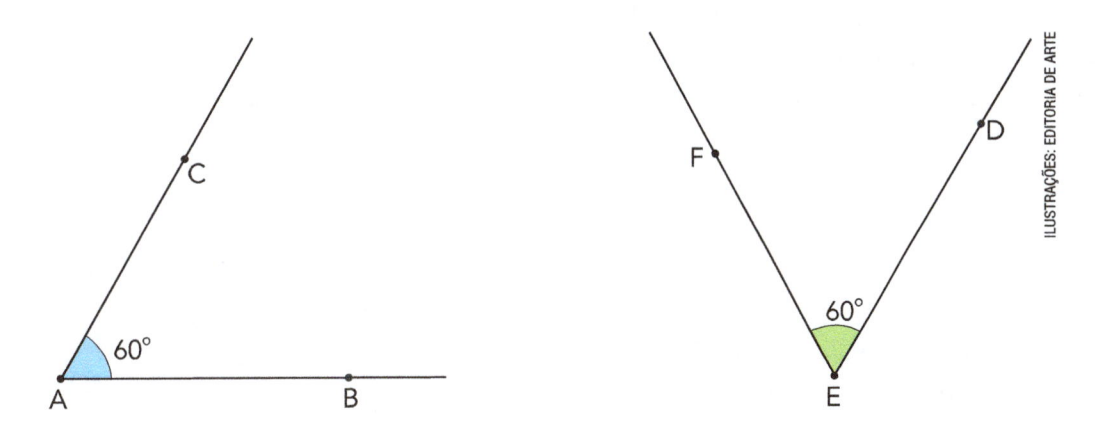

Cada um deles mede 60°; portanto, se pudéssemos pegar o primeiro ângulo, girá-lo e colocá-lo sobre o segundo, perceberíamos que eles ficariam perfeitamente alinhados. Em outras palavras, é possível sobrepor um ângulo no outro.

Dois ângulos que têm a mesma medida são chamados de **congruentes**.

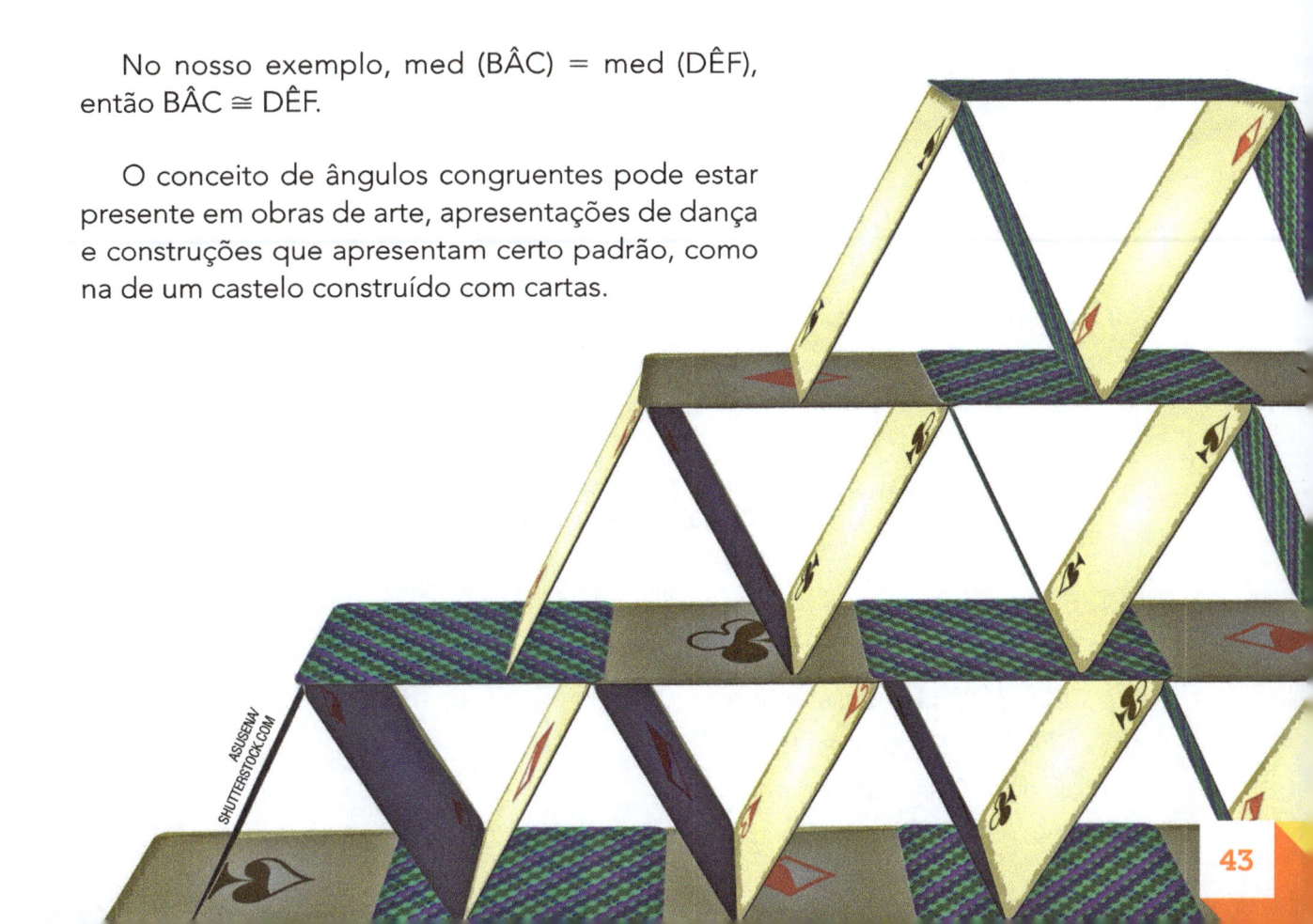

No nosso exemplo, med (BÂC) = med (DÊF), então BÂC ≅ DÊF.

O conceito de ângulos congruentes pode estar presente em obras de arte, apresentações de dança e construções que apresentam certo padrão, como na de um castelo construído com cartas.

Ângulos consecutivos

Na figura ao lado, vamos considerar três ângulos, AOB, BOC e AOC, para analisar a relação que há entre cada par de ângulo.

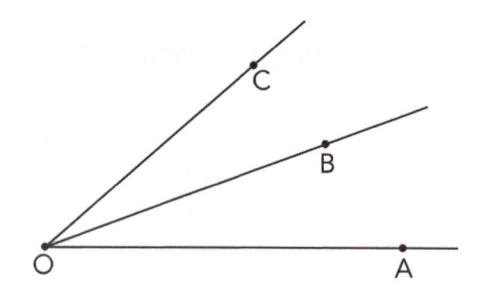

▶ **AÔB e BÔC**

- Os ângulos AOB e BOC têm o vértice comum, que é o ponto O.
- Os ângulos AOB e BOC têm o lado $\overrightarrow{OB}$ comum.

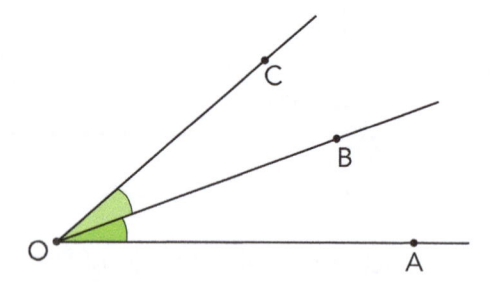

▶ **AÔB e AÔC**

- Os ângulos AOB e AOC têm o vértice comum, que é o ponto O.
- Os ângulos AOB e AOC têm o lado $\overrightarrow{OA}$ comum.

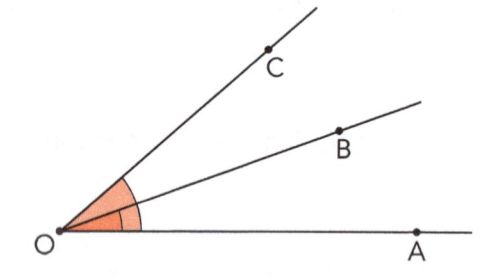

▶ **BÔC e AÔC**

- Os ângulos BOC e AOC têm o vértice comum, que é o ponto O.
- Os ângulos BOC e AOC têm o lado $\overrightarrow{OC}$ comum.

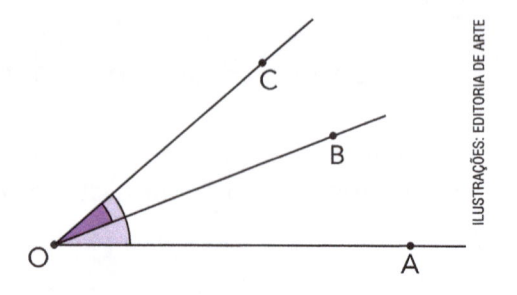

> Dois ângulos que têm o mesmo vértice e um lado comum são denominados **ângulos consecutivos**.

Assim, no nosso exemplo, temos:

▶ AÔB e BÔC são consecutivos;
▶ AÔB e AÔC são consecutivos;
▶ BÔC e AÔC são consecutivos.

Ângulos adjacentes

Na figura a seguir, temos dois ângulos consecutivos, AÔB e BÔC, que não têm ponto interno comum.

Os ângulos AOB e BOC, neste caso, são chamados de **ângulos adjacentes**.

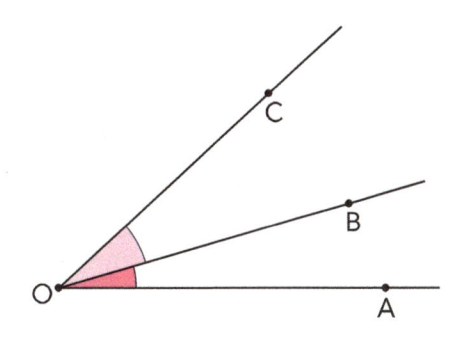

> Dois ângulos consecutivos que não têm ponto interno comum são denominados **ângulos adjacentes**.

Vamos analisar a relação entre os ângulos AOB, BOC e AOC, destacados na figura a seguir.

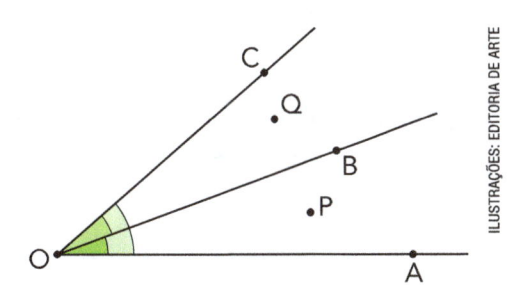

- AÔB e BÔC são ângulos **consecutivos** e **adjacentes**, pois têm apenas o lado $\overrightarrow{OB}$ comum;

- AÔB e AÔC são ângulos **consecutivos** e **não adjacentes**, pois, além do lado $\overrightarrow{OA}$, eles têm outros pontos internos comuns, por exemplo, o ponto P;

- AÔC e BÔC são ângulos **consecutivos** e **não adjacentes**, pois, além do lado $\overrightarrow{OC}$, eles têm outros pontos internos comuns, por exemplo, o ponto Q.

Retas perpendiculares

Na figura abaixo, aparecem as retas *r* e *s*.

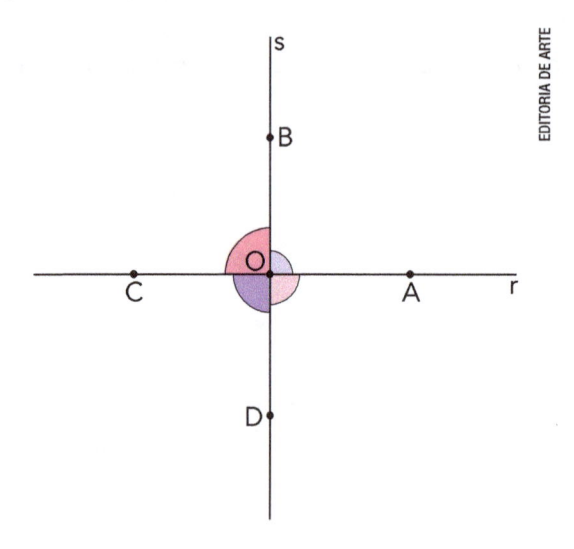

Note que as retas *r* e *s*:

- são concorrentes;

- determinam quatro ângulos que, tomados dois a dois, são adjacentes: AÔB e BÔC, BÔC e CÔD, CÔD e DÔA, DÔA e AÔB;

- formam quatro ângulos congruentes: AÔB ≅ BÔC ≅ CÔD ≅ DÔA.

> Duas retas, *r* e *s*, concorrentes, são denominadas **perpendiculares** quando determinam ângulos adjacentes congruentes. Indica-se assim: *r* ⊥ *s* (lê-se: *r* perpendicular a *s*).

A imagem a seguir mostra parte de um piso tátil, utilizado por pessoas com deficiência visual. Nela, podemos notar a ideia de perpendicularidade.

Ângulo reto

Na figura ao lado, temos duas retas, r e s, que são perpendiculares, pois os quatro ângulos formados por essas duas retas são congruentes.

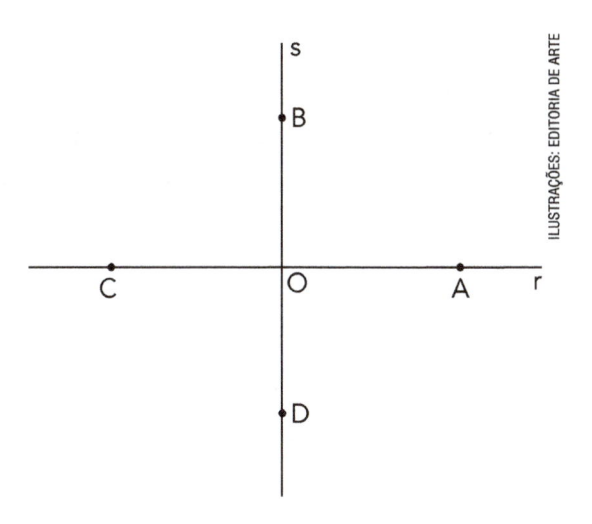

Cada um desses ângulos é chamado de **ângulo reto** e mede 90°.

Assim:

- os ângulos AOB, BOC, COD e DOA são ângulos retos;
- med (AÔB) = med (BÔC) = = med (CÔD) = med (DÔA) = 90°.

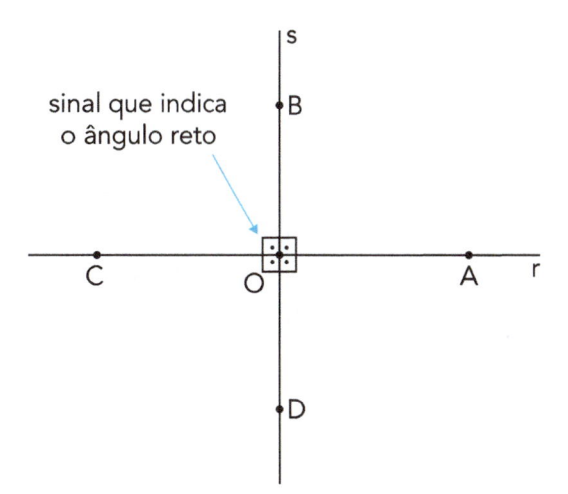

sinal que indica o ângulo reto

▶ Em geral, encanamentos fazem curvas de 90°, ou seja, formam **ângulos retos**.

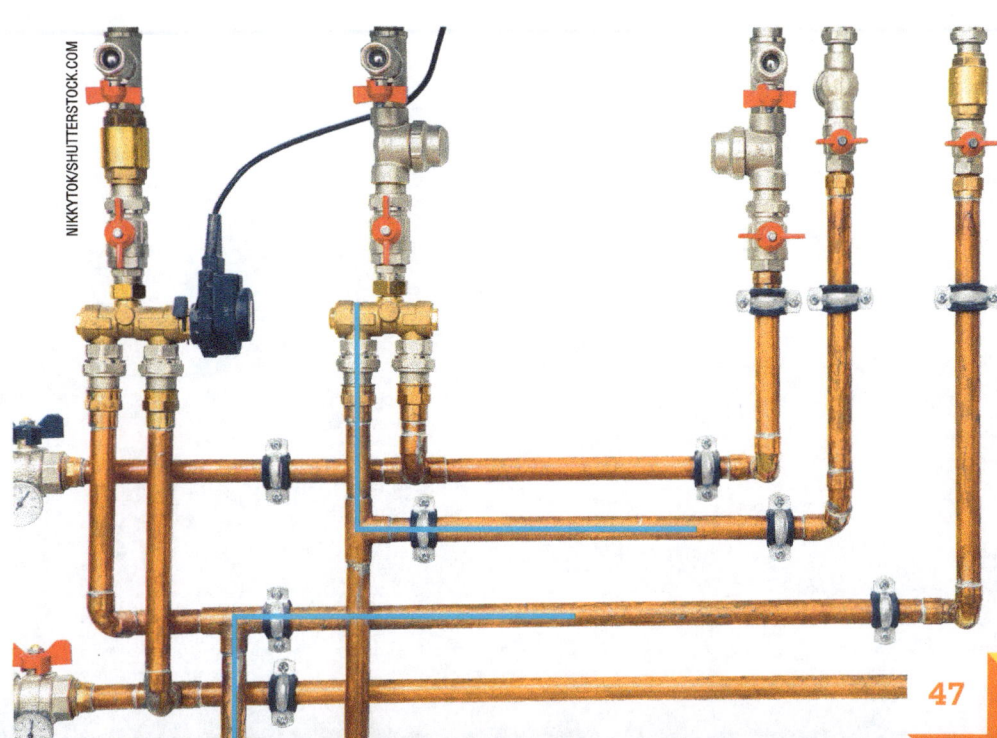

Ângulo agudo

Todo ângulo menor do que o ângulo reto é denominado **ângulo agudo**.

A medida de um ângulo agudo é menor do que 90°.

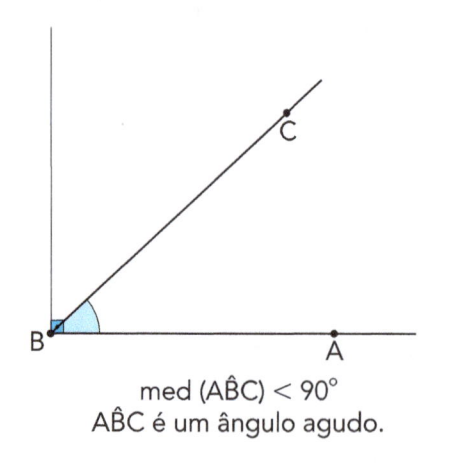

med (AB̂C) < 90°
AB̂C é um ângulo agudo.

▶ O ângulo destacado nesse chalé é um **ângulo agudo**.

Ângulo obtuso

Todo ângulo maior do que o ângulo reto é denominado **ângulo obtuso**.

A medida de um ângulo obtuso é maior do que 90°.

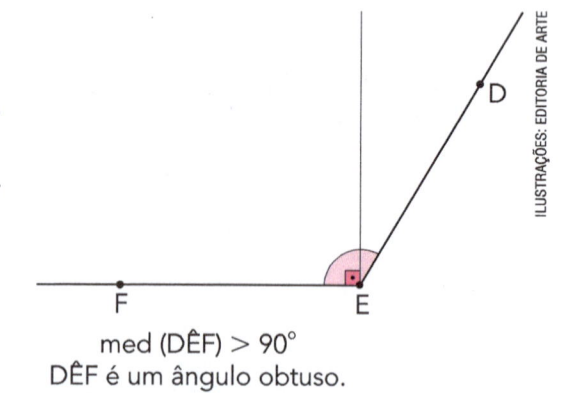

med (DÊF) > 90°
DÊF é um ângulo obtuso.

▶ O ângulo destacado na construção é um **ângulo obtuso**.

Ângulos complementares

Na figura abaixo, destacamos os ângulos ABC e CBD.
Podemos observar que med (AB̂C) + med (CB̂D) = 90°.

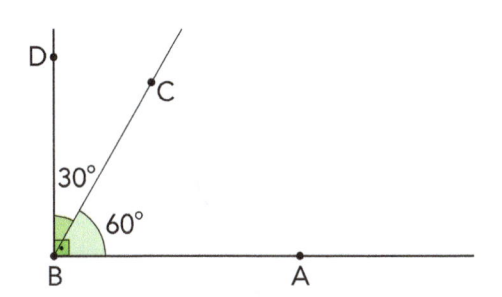

> Quando a soma das medidas de dois ângulos é igual a 90°, esses ângulos são **complementares**, e dizemos que um é complemento do outro.

1 Construção do complemento de um ângulo

Podemos construir o complemento de um ângulo dado:

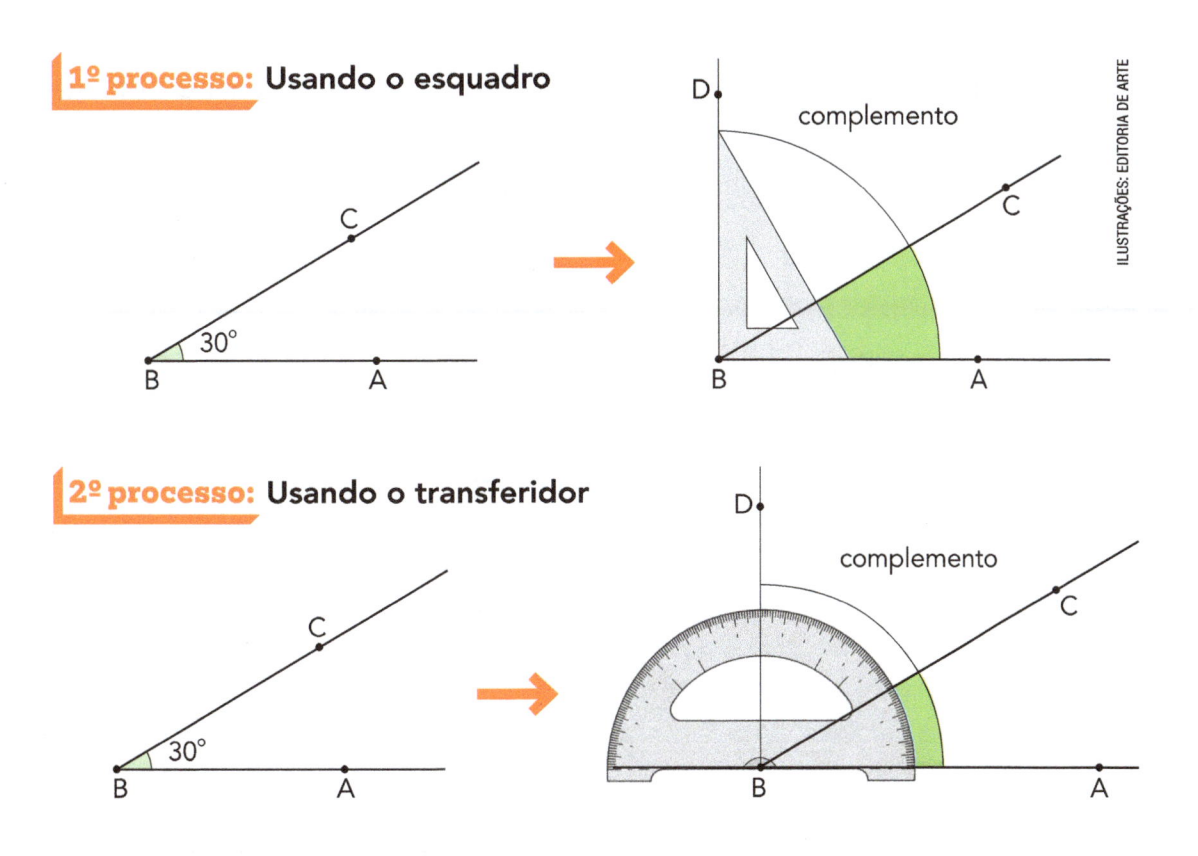

1º processo: Usando o esquadro

2º processo: Usando o transferidor

Em ambos os casos, CB̂D é o complemento de AB̂C.

Ângulos suplementares

Na figura abaixo, destacamos os ângulos ABC e CBD.
Podemos observar que med (AB̂C) + med (CB̂D) = 180°.

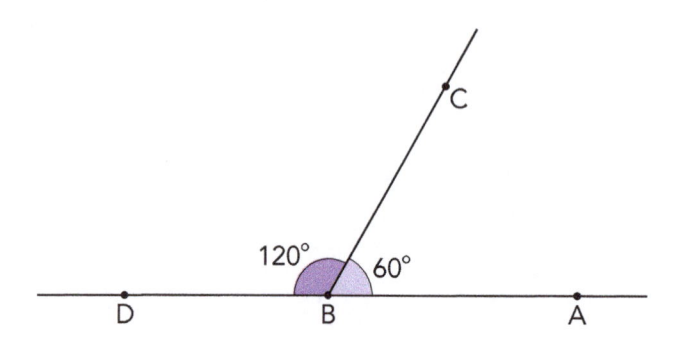

> Quando a soma das medidas de dois ângulos é igual a 180°, esses ângulos são **suplementares**, e dizemos que um é suplemento do outro.

1 Construção do suplemento de um ângulo

Podemos construir o suplemento de um ângulo dado traçando a semirreta oposta a um de seus lados.

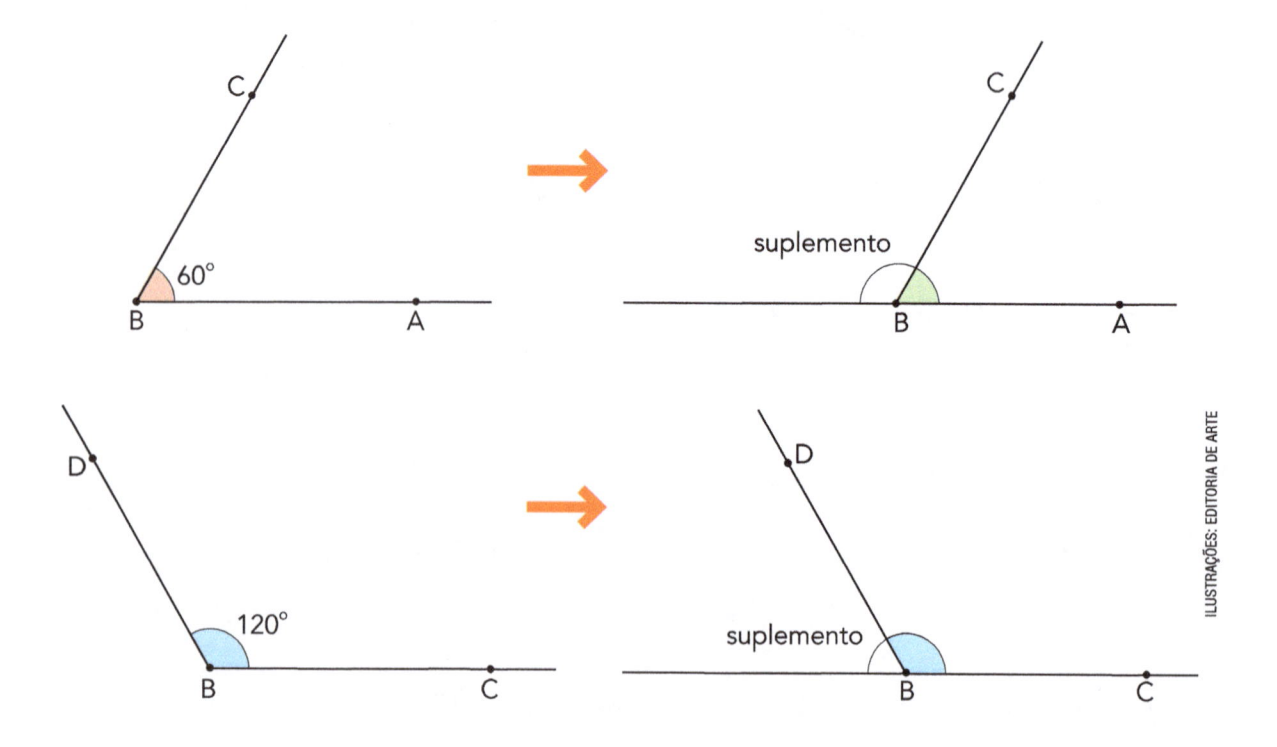

Observe a seguir alguns exemplos de ângulos suplementares.

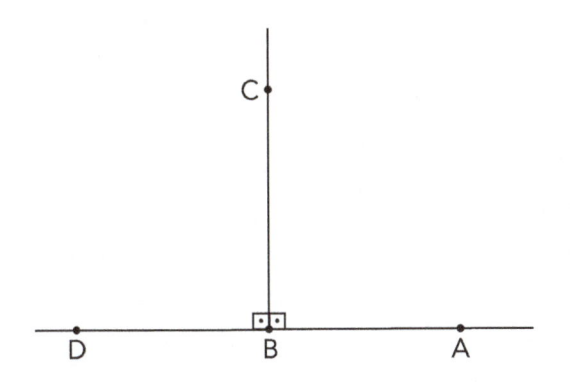

- CB̂D é o suplemento de AB̂C

  ou
- AB̂C é o suplemento de CB̂D.

- AÔB é o suplemento de BÔC

  ou
- BÔC é o suplemento de AÔB.

- NP̂Q é o suplemento de MP̂N

  ou
- MP̂N é o suplemento de NP̂Q.

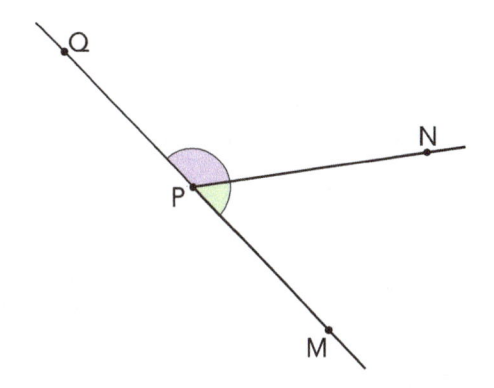

▶ Nesse vitral, podemos observar alguns ângulos suplementares.

DESENHANDO COM A BNCC

▸ Acessando os *menus* do GeoGebra

Com o GeoGebra, conseguimos fazer diversas construções geométricas dinâmicas ao combinar diferentes ferramentas fornecidas por ele. Além das ferramentas, existem alguns *menus* com opções que nos ajudam a trabalhar e a personalizar nossos projetos. Nosso objetivo, aqui, é conhecer e acessar esses *menus* para utilizá-los com mais prática quando formos construir figuras.

■ Ao clicar com o botão direito sobre um objeto

Ao realizar esse comando, algumas ações aparecem para nossa escolha, por exemplo: **Ocultar/Exibir Objeto**, **Ocultar/Exibir Rótulo** e **Renomear** o objeto. É interessante destacar a opção **Ocultar/Exibir Objeto**, pois em algumas construções utilizamos objetos auxiliares que não precisam ficar visíveis, a fim de evitar que a tela fique muito poluída para nossa observação. Essa opção também serve para não vermos o objeto na **Janela de Visualização**, mas ele ainda estará lá, podendo ser encontrado na **Janela de Álgebra** e exibido novamente, se for necessário.

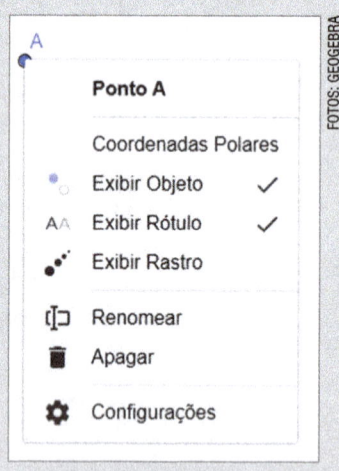

▸ Ao clicar sobre um ponto criado no GeoGebra, será exibido esse *menu*.

■ Ao clicar com o botão direito sobre a Janela de Visualização

Ao realizar esse comando, algumas ações aparecem para nossa escolha, por exemplo, ocultar/exibir os **Eixos** e as **Malhas**, aplicar *Zoom* e mudar a escala entre o eixo x e o eixo y. Aqui, destacamos a opção **Ocultar/Exibir os Eixos e as Malhas**, pois em muitas construções eles podem ser ocultados para deixar a **Janela de Visualização** mais limpa.

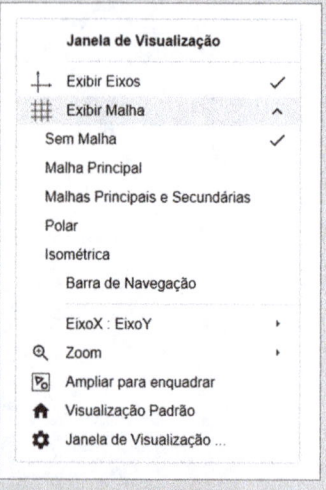

▸ Ao clicar sobre a **Janela de Visualização**, será exibido esse *menu*.

▪ A barra de menu

Localizada no canto superior direito da tela e identificada pelo símbolo, traz uma série de opções de personalização para o objeto selecionado (inclusive a **Janela de Visualização**), como cor, estilo de linhas, textos, malhas e eixos, entre outros. A barra mostrada vai depender do objeto que está selecionado.

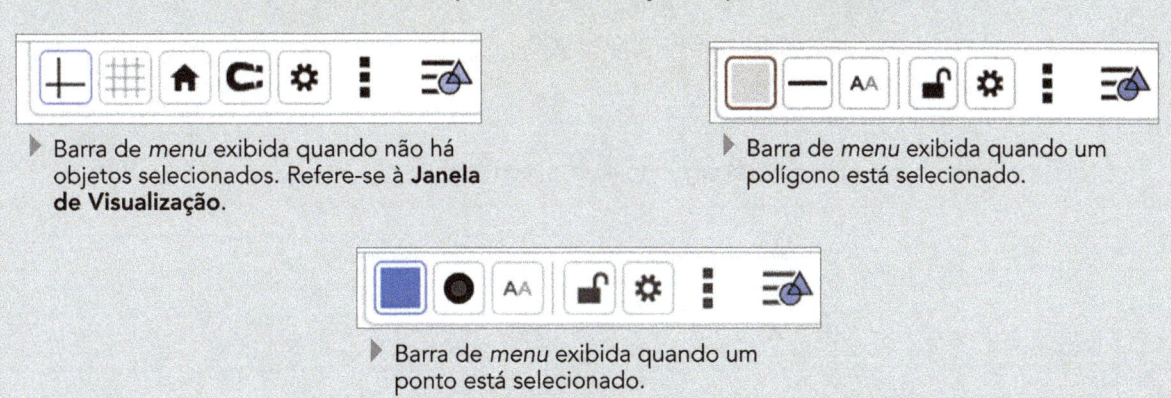

▸ Barra de *menu* exibida quando não há objetos selecionados. Refere-se à **Janela de Visualização**.

▸ Barra de *menu* exibida quando um polígono está selecionado.

▸ Barra de *menu* exibida quando um ponto está selecionado.

Um destaque da barra de *menu* é o botão, em que é possível acessar configurações mais avançadas do objeto, como programação, e modificar as unidades para os eixos cartesianos.

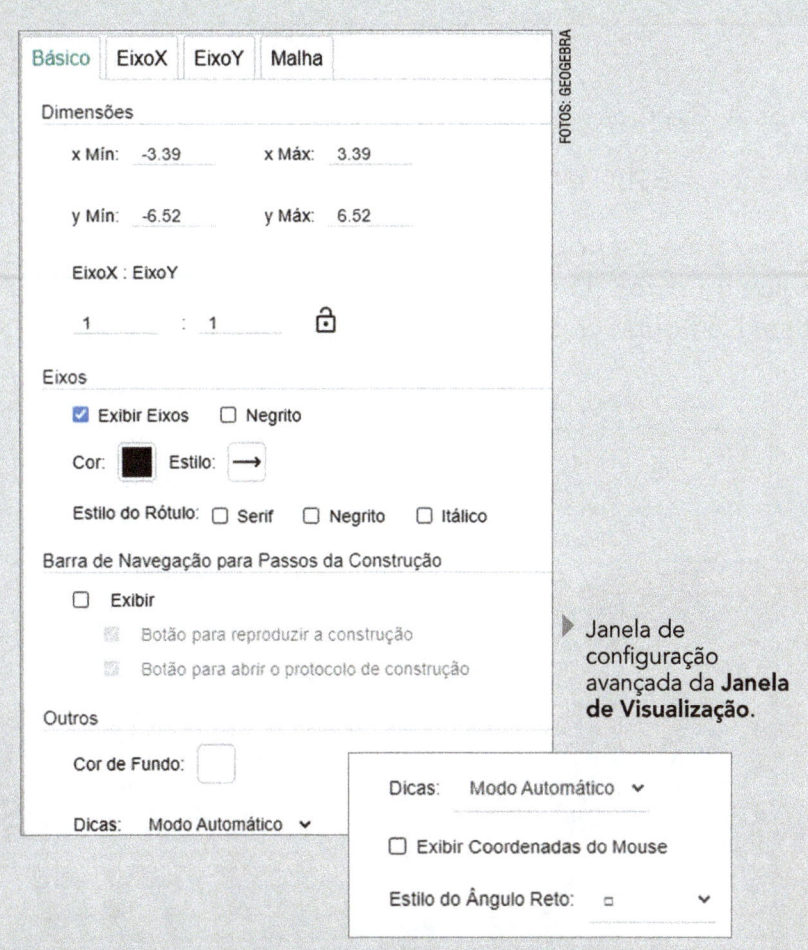

Básico | EixoX | EixoY | Malha

Dimensões

x Mín: -3.39   x Máx: 3.39

y Mín: -6.52   y Máx: 6.52

EixoX : EixoY

1 : 1

Eixos

☑ Exibir Eixos   ☐ Negrito

Cor: Estilo: →

Estilo do Rótulo: ☐ Serif ☐ Negrito ☐ Itálico

Barra de Navegação para Passos da Construção

☐ Exibir

    Botão para reproduzir a construção
    Botão para abrir o protocolo de construção

Outros

Cor de Fundo:

Dicas: Modo Automático

Dicas: Modo Automático

☐ Exibir Coordenadas do Mouse

Estilo do Ângulo Reto:

▸ Janela de configuração avançada da **Janela de Visualização**.

TÓPICO 7 — TRIÂNGULOS

Triângulo é um polígono de três lados.

No triângulo a seguir, destacamos seus elementos.

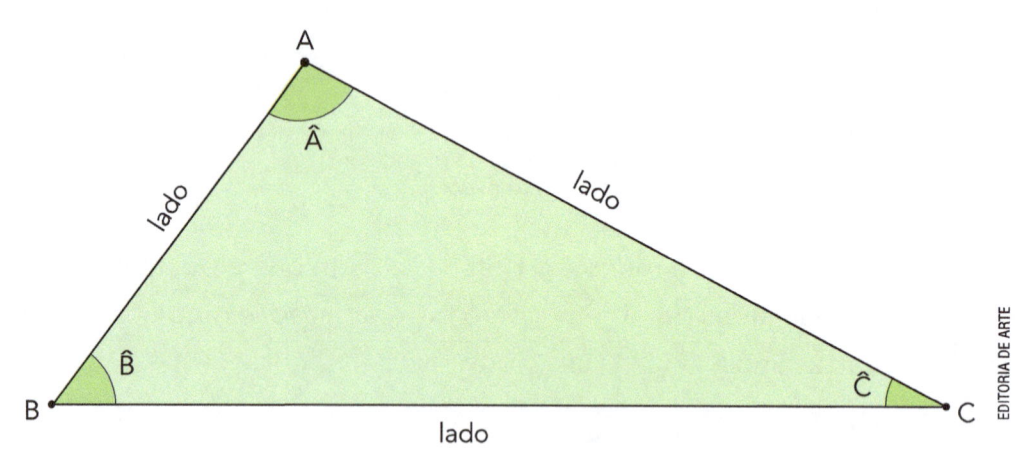

- Os pontos A, B e C são os **vértices** do triângulo.

- Os segmentos AB, BC e CA são os **lados** do triângulo.

- Os ângulos formados por dois lados consecutivos de um triângulo são chamados de **ângulos internos** do triângulo e geralmente são representados pelas letras do vértice. Na figura, os ângulos internos são Â, B̂ e Ĉ.

▶ Muitas estruturas utilizam a forma triangular por causa de sua rigidez, que gera maior estabilidade. Na fotografia, parte do Centro Dragão do Mar de Arte e Cultura, em Fortaleza (CE).

Classificação dos triângulos quanto aos lados

O triângulo ABC da figura ao lado tem os três lados com a mesma medida: 4 cm.

Todo triângulo que tem os três lados congruentes é chamado de **triângulo equilátero**.

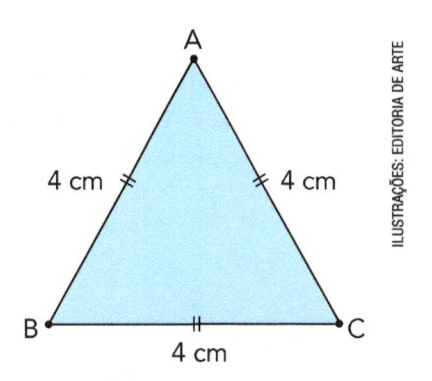

$\overline{AB} \cong \overline{BC} \cong \overline{CA}$

O triângulo ABC da figura ao lado tem dois lados com a mesma medida, $\overline{AB}$ e $\overline{CA}$.

Todo triângulo que tem dois lados congruentes é chamado de **triângulo isósceles**.

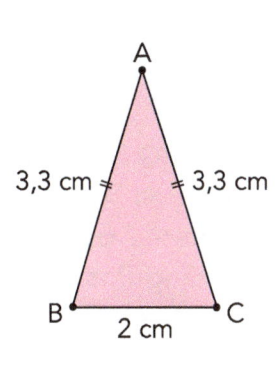

$\overline{AB} \cong \overline{CA}$

O triângulo ABC da figura ao lado tem os três lados com medidas diferentes.

Triângulos desse tipo são chamados de **triângulos escalenos**.

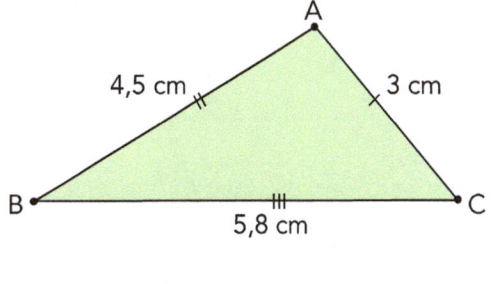

$\overline{AB} \not\cong \overline{BC} \not\cong \overline{CA}$

Classificação dos triângulos quanto aos ângulos

O triângulo ABC da figura ao lado tem um ângulo reto e dois ângulos agudos.

Triângulos desse tipo são chamados de **triângulos retângulos**.

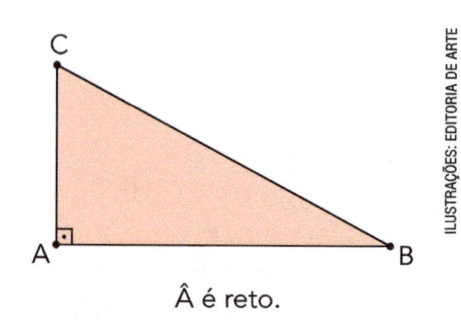

Â é reto.

O triângulo ABC da figura ao lado tem um ângulo obtuso e dois ângulos agudos.

Triângulos desse tipo são chamados de **triângulos obtusângulos**.

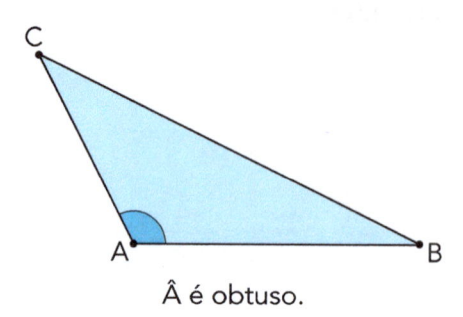

Â é obtuso.

O triângulo ABC da figura ao lado tem os três ângulos agudos.

Triângulos desse tipo são chamados de **triângulos acutângulos**.

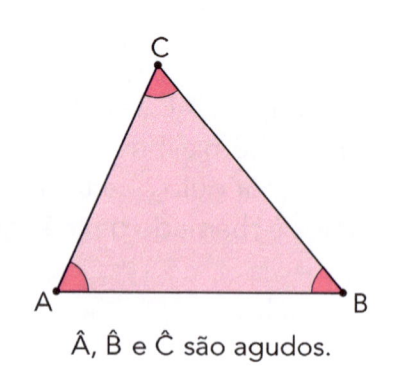

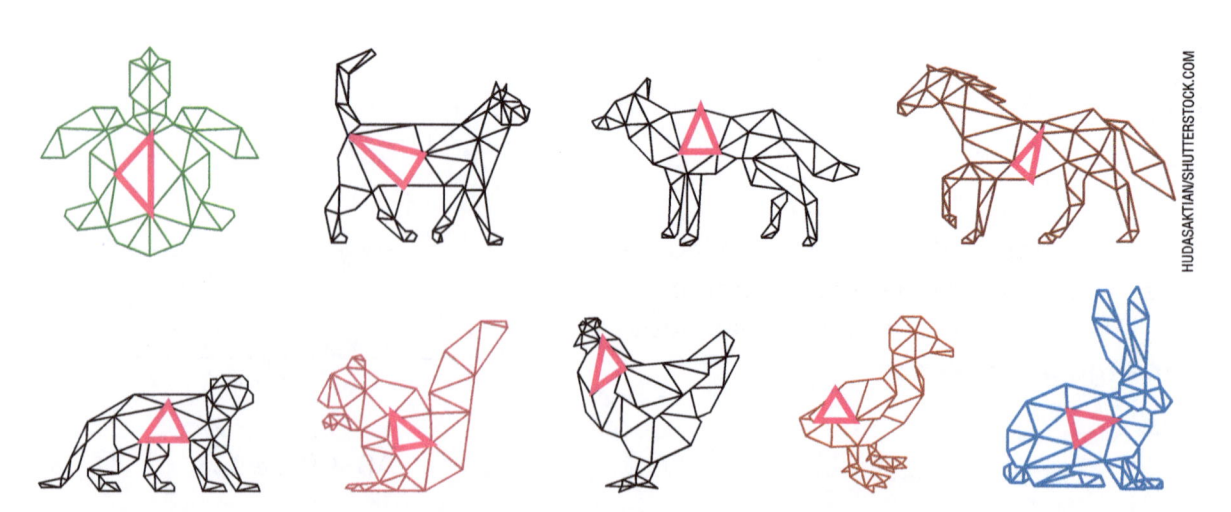

Â, B̂ e Ĉ são agudos.

▶ Frequentemente, podemos identificar **triângulos** em obras de arte e em modelagens feitas para jogos virtuais, como é o caso da construção de personagens, observada na imagem.

TÓPICO 8 QUADRILÁTEROS

Quadrilátero é um polígono de quatro lados.

No quadrilátero a seguir, destacamos seus elementos:

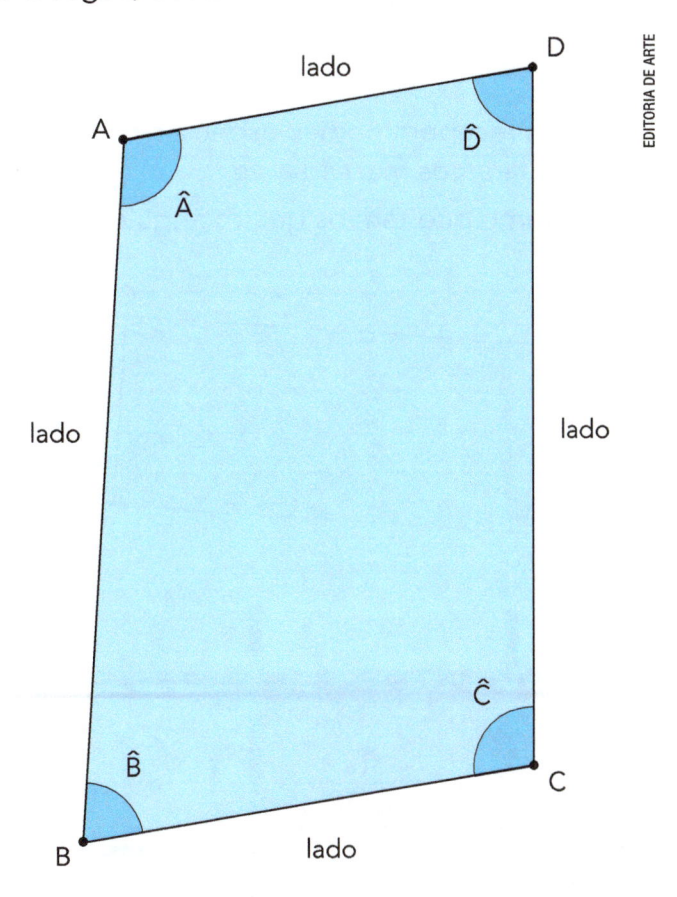

- os pontos A, B, C e D são os **vértices** do quadrilátero;
- os segmentos AB, BC, CD e DA são chamados de **lados** do quadrilátero;
- os pares de lados $\overline{AB}$ e $\overline{CD}$, $\overline{DA}$ e $\overline{BC}$ são chamados de **lados opostos** do quadrilátero;
- os ângulos formados por dois lados consecutivos são os **ângulos internos** do quadrilátero. Assim, Â, B̂, Ĉ e D̂ são os ângulos internos do quadrilátero ABCD;
- os pares de ângulos A e C e B e D são **ângulos opostos**.

57

Paralelogramos

Paralelogramo é um quadrilátero que tem os lados opostos paralelos.

No quadrilátero ABCD, temos:

- $\overline{AB}$ // $\overline{CD}$;
- $\overline{DA}$ // $\overline{BC}$.

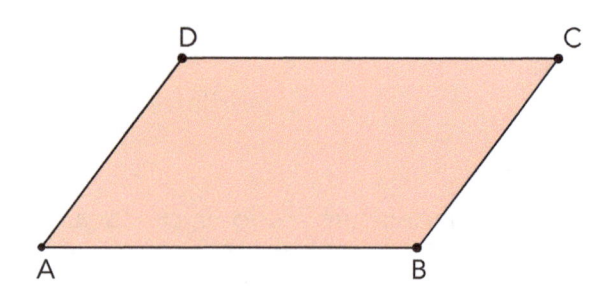

Alguns paralelogramos recebem nomes especiais por causa de características particulares, as quais estudaremos mais adiante.

- **Retângulo**: paralelogramo que tem os quatro ângulos congruentes (retos).

ILUSTRAÇÕES: EDITORIA DE ARTE

PIET MONDRIAN, 1921. ÓLEO SOBRE TELA, 59,5 CM X 59,5 CM. MUSEU MUNICIPAL DE HAIA, PAÍSES BAIXOS

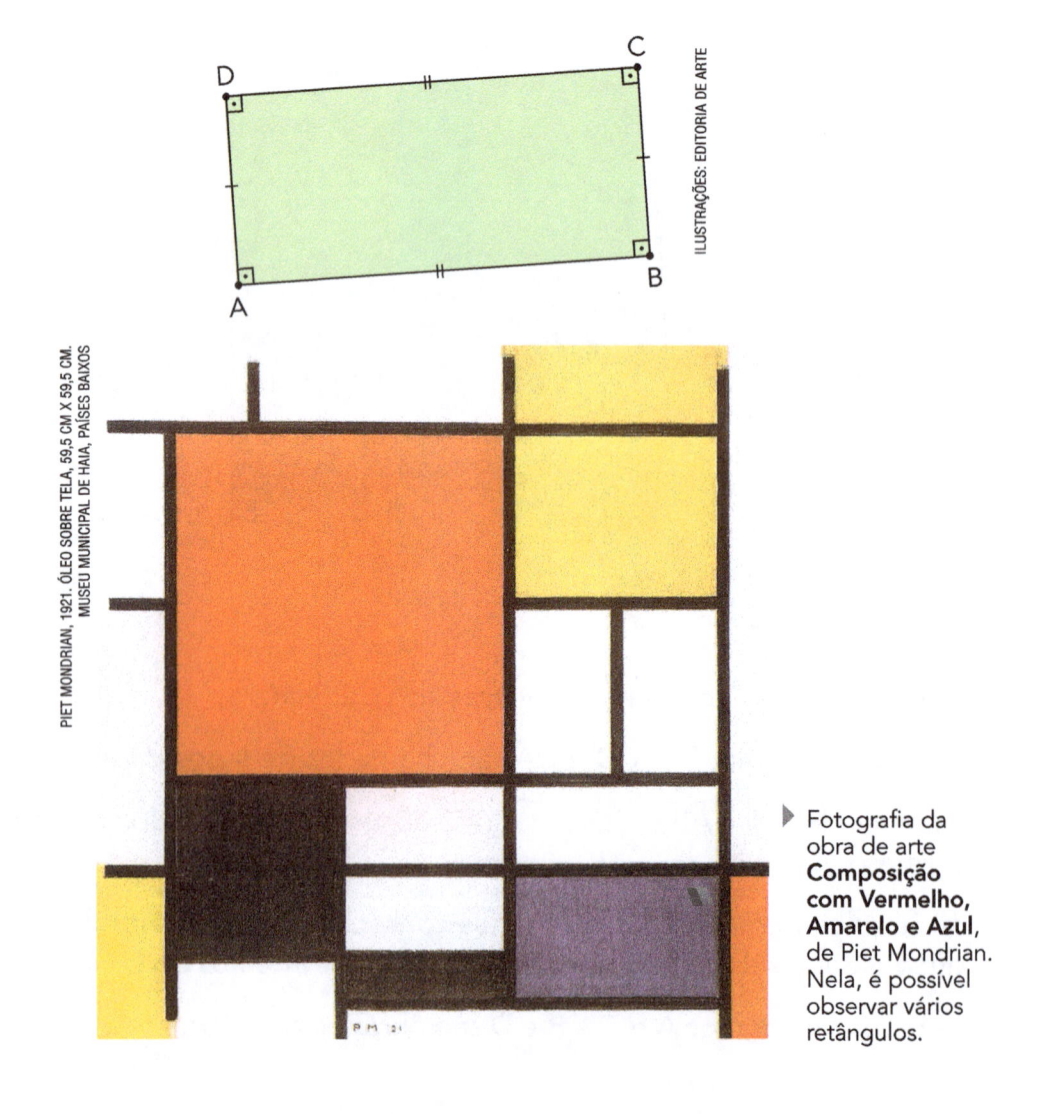

▶ Fotografia da obra de arte **Composição com Vermelho, Amarelo e Azul**, de Piet Mondrian. Nela, é possível observar vários retângulos.

> **Losango**: paralelogramo que tem os quatro lados congruentes.

> **Quadrado**: paralelogramo que tem os quatro lados congruentes e os quatro ângulos congruentes (retos).

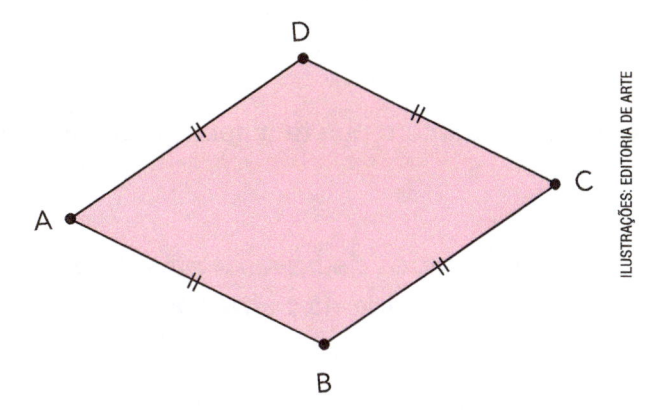

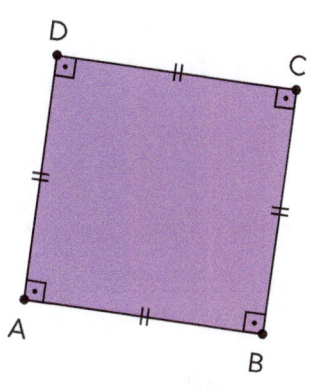

Observe que o quadrado também é um retângulo, já que ele possui os quatro ângulos congruentes, e também é um losango, pois possui os quatro lados congruentes.

▶ Na bandeira do Brasil, podemos observar um retângulo e um losango.

Trapézios

Trapézio é um quadrilátero que tem apenas dois lados paralelos.

Os lados paralelos são chamados de **bases** do trapézio.

A distância entre as bases, medida na perpendicular, é chamada de **altura** do trapézio.

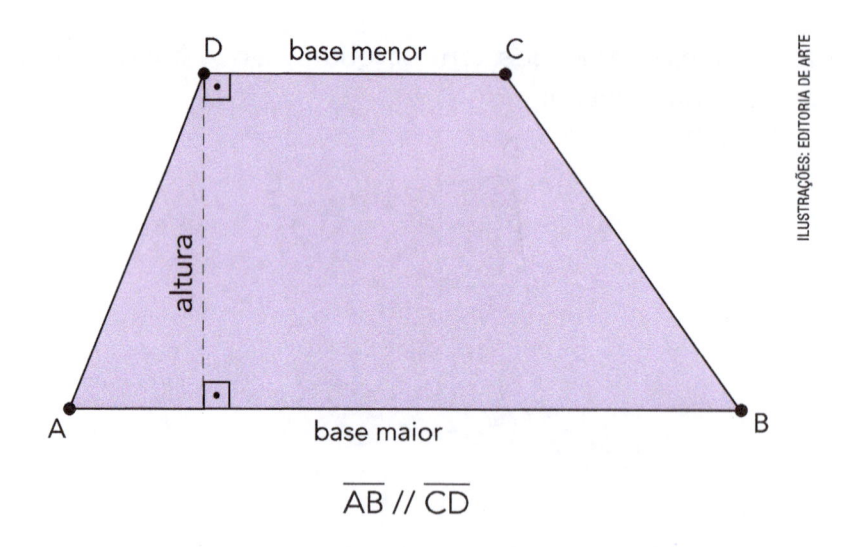

$\overline{AB} \mathbin{/\!/} \overline{CD}$

Podemos classificar os trapézios de acordo com as medidas e as posições dos lados não paralelos. Observe a seguir.

> Quando o trapézio tem os lados não paralelos e com medidas diferentes, como o representado abaixo, é chamado de **trapézio escaleno**.

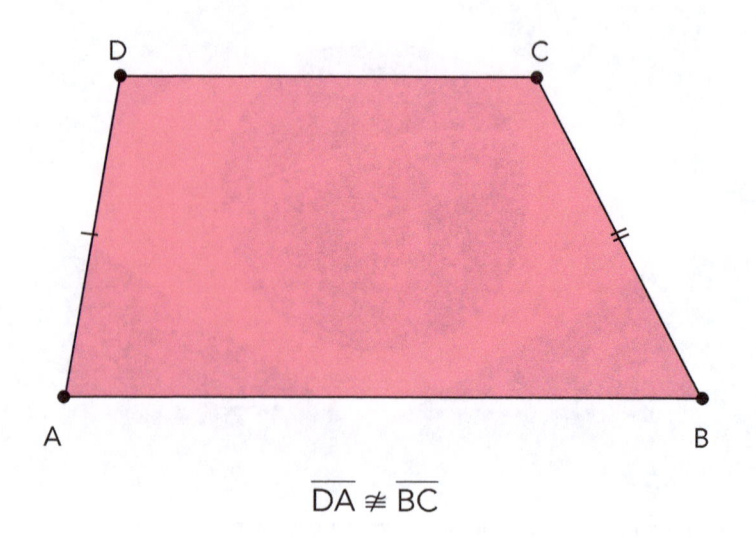

$\overline{DA} \neq \overline{BC}$

◗ Quando o trapézio tem os lados não paralelos congruentes, como o representado abaixo, é chamado de **trapézio isósceles**.

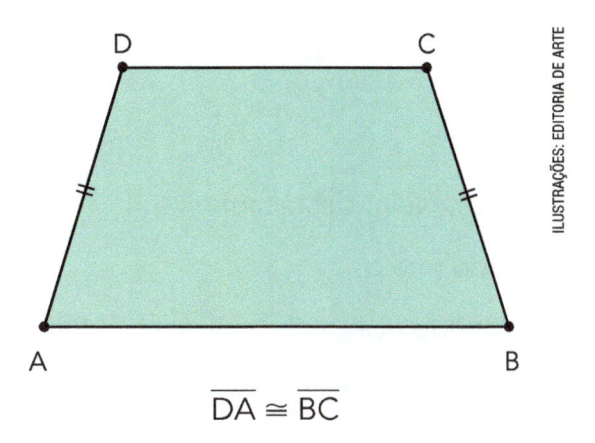

$\overline{DA} \cong \overline{BC}$

◗ Quando o trapézio tem um dos lados não paralelos perpendicular às bases, como o representado abaixo, é chamado de **trapézio retângulo**.

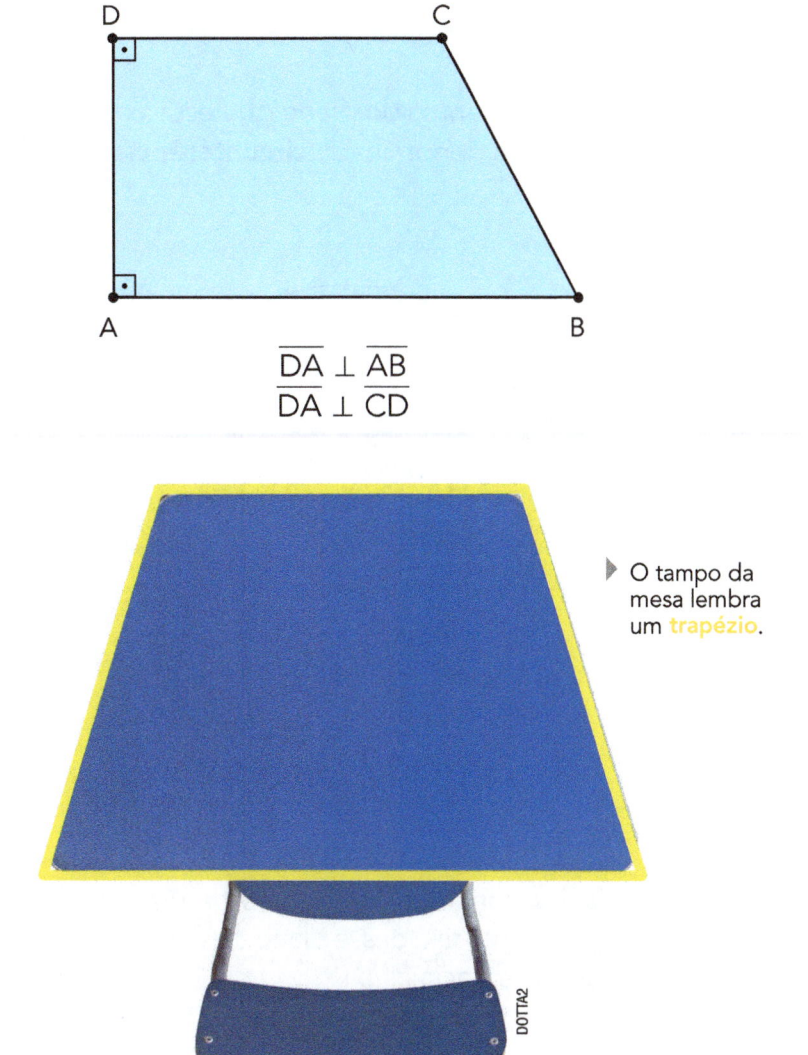

$\overline{DA} \perp \overline{AB}$
$\overline{DA} \perp \overline{CD}$

▶ O tampo da mesa lembra um trapézio.

TÓPICO 9 — CIRCUNFERÊNCIA

Observe a figura a seguir. Nela, destacamos:

- um ponto O qualquer do plano;
- o ponto A, distante 3 cm do ponto O;
- o ponto B, distante 3 cm do ponto O;
- o ponto C, distante 3 cm do ponto O;
- o ponto D, distante 3 cm do ponto O.

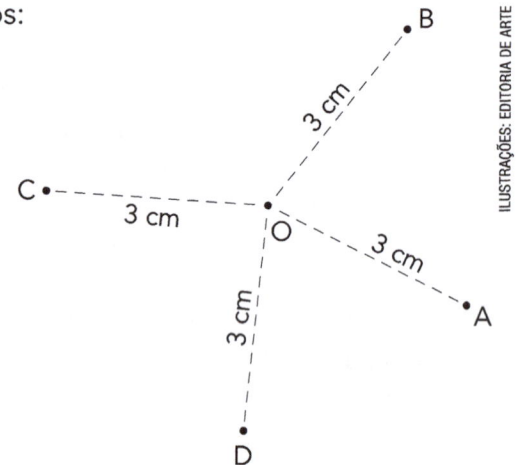

Se considerarmos todos os pontos do plano que estão distantes 3 cm do ponto O, teremos uma figura geométrica denominada **circunferência**, de raio 3 cm.

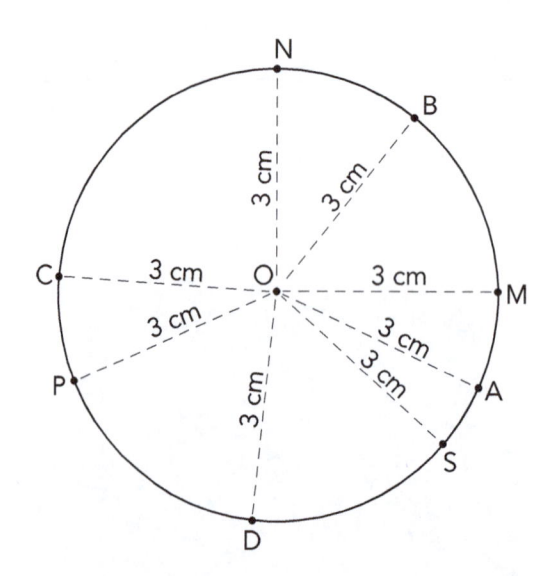

Circunferência é o conjunto dos pontos de um plano que distam igualmente de um ponto fixo desse plano. Esse ponto fixo é chamado de **centro** da circunferência.

Na figura seguinte, temos:

- o ponto O, que é o centro da circunferência;
- os pontos A, B e C, que são pontos da circunferência.

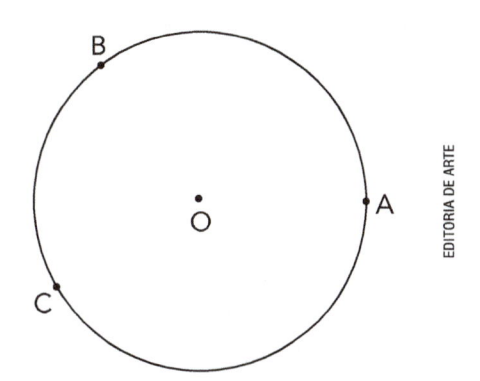

Traçando circunferências

Um instrumento utilizado para traçar circunferências é o compasso.

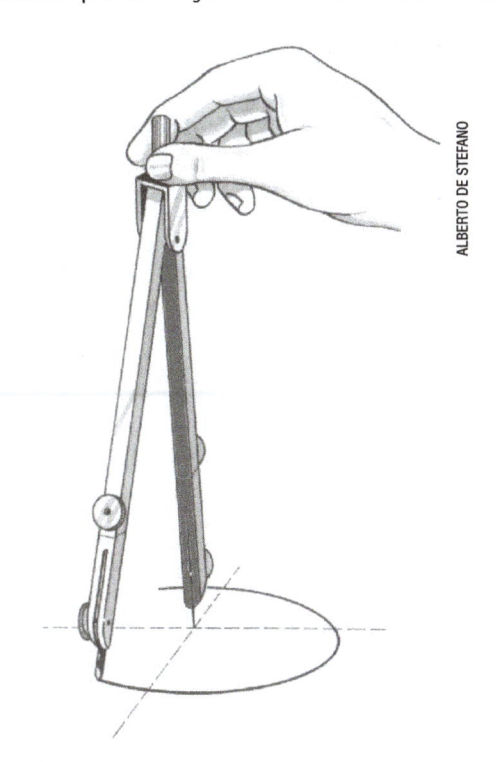

Siga os passos:

1º) Marque um ponto qualquer.
2º) Abra o compasso na medida desejada.
3º) Coloque a ponta-seca no ponto marcado.
4º) Segure o cabeçote do compasso e trace a circunferência, girando o compasso até completar uma volta.

Elementos da circunferência

▶ **Raio**: qualquer segmento de reta cujas extremidades são o ponto O (centro da circunferência) e um ponto qualquer da circunferência.

Na figura ao lado:
- $\overline{OA}$ é um raio;
- $\overline{OB}$ é um raio.

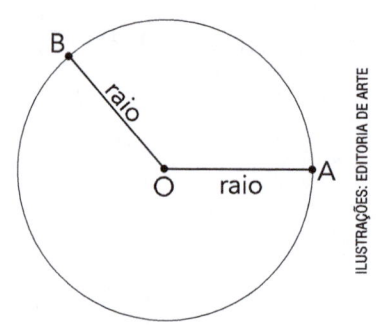

▶ **Medida do raio**: distância de qualquer ponto da circunferência a seu centro. Indicamos a medida do raio por r.

Na figura ao lado, $r = 2$ cm.

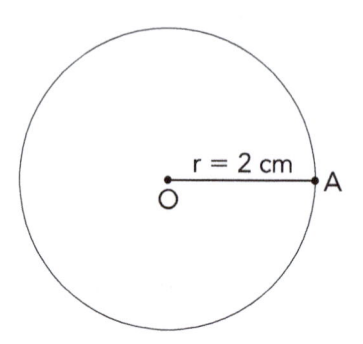

▶ **Corda**: qualquer segmento de reta que tem suas extremidades na circunferência.

Na figura ao lado:
- $\overline{AB}$ é uma corda;
- $\overline{CD}$ é uma corda.

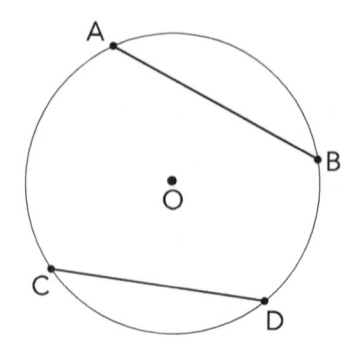

▶ **Diâmetro**: qualquer corda que passe pelo centro da circunferência. Indicamos a medida do diâmetro por d.

Na figura ao lado:
- $\overline{AB}$ é um diâmetro;
- $\overline{CD}$ é um diâmetro.

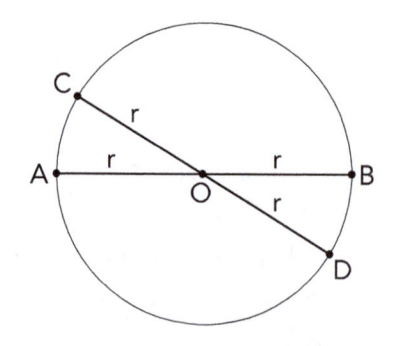

A medida do diâmetro é igual ao dobro da medida do raio: $d = 2r$.

▶ **Arco de circunferência**: cada uma das partes em que a circunferência fica dividida por dois de seus pontos.

Esses dois pontos são as **extremidades** do arco.
Na figura ao lado, $\widehat{AB}$ é um arco de circunferência de extremidades *A* e *B*.

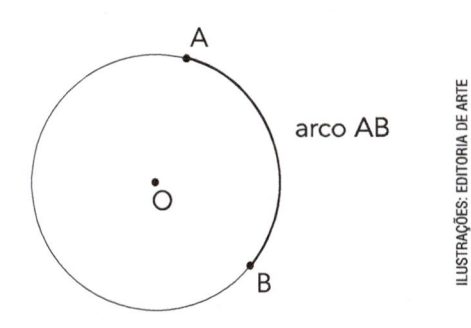

Nos dois casos abaixo, traçamos um arco de circunferência cujo centro é o ponto *A*, que pertence à reta *r*.
Note que o arco tem raio de 3 cm.

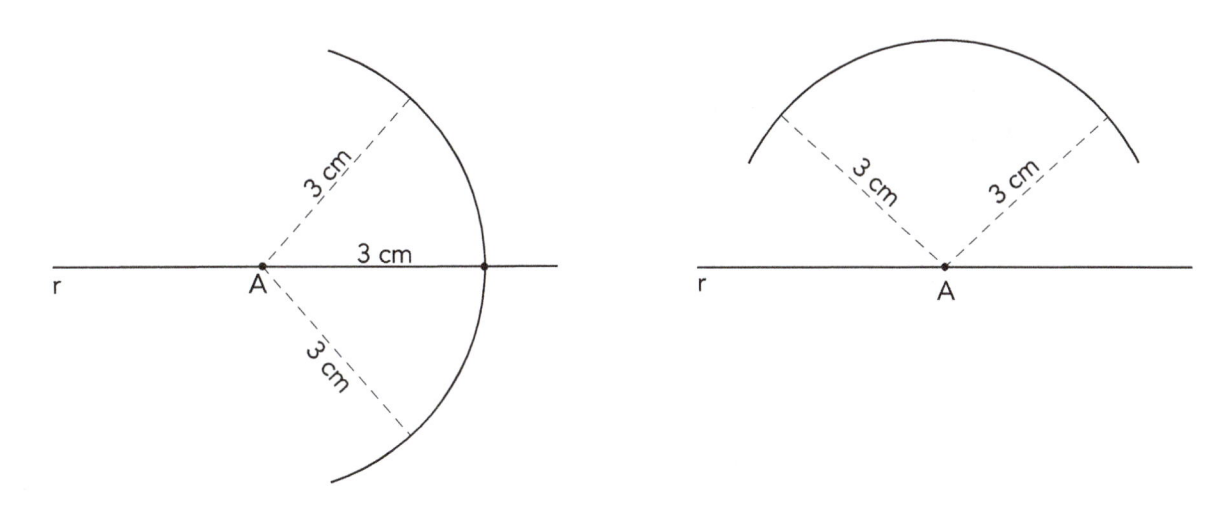

Quando as extremidades de um arco coincidem com as extremidades de um diâmetro, o arco recebe o nome de **semicircunferência**.

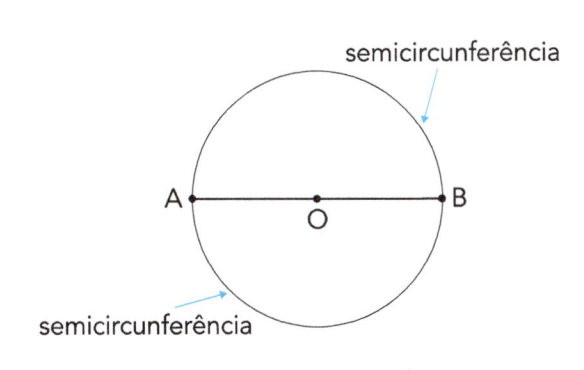

▶ As circunferências são utilizadas em diversas obras de arte, como esta de Wassily Kandinsky (1866-1944), **Círculos em um círculo**, 1923.

DESENHANDO COM A BNCC

▶ Finalizando um projeto no GeoGebra

Após concluir e personalizar uma construção geométrica, é muito provável que seja necessário finalizar o projeto de modo que não se perca todo o trabalho realizado. O GeoGebra oferece diversos recursos para isso, acessando o ícone ☰.

No *menu* **Arquivo** aparecem as seguintes opções:

- Gravar.
- Exportar Imagem.
- Compartilhar.
- Baixar como...

Ao clicar nesse ícone, abrem-se opções de configuração do GeoGebra.

Nessa parte constam todas as possibilidades para finalizar o projeto.

FOTOS: GEOGEBRA

▪ Gravar

Essa opção salva automaticamente o arquivo na extensão nativa do GeoGebra (.ggb). Nesse caso, é possível salvar tanto no computador, quanto na nuvem do GeoGebra. Nesse último caso, será necessário criar um acesso a essa nuvem, e o arquivo só será aberto novamente no GeoGebra, podendo ser modificado normalmente.

■ Exportar Imagem

Essa opção gera uma imagem da área de visualização, exatamente como ela está na tela (incluindo a posição dos eixos). Ao selecionar essa opção, é preciso escolher entre duas outras: **Copiar para a área de transferência** ou *Download*.

A primeira opção permite colar a imagem em um editor de imagens de sua preferência, usando o comando "ctrl+v", por exemplo. Já a segunda opção salva a imagem na extensão .PNG no computador. Observe que essa não é a extensão nativa do GeoGebra; portanto, ao salvar somente desse modo e encerrar o *software*, a construção não poderá ser retomada e modificada posteriormente, o que pode ser desejável em alguns casos.

■ Compartilhar

Essa opção permite salvar o arquivo na nuvem do GeoGebra e compartilhar a construção com a comunidade do *software*. Nessa função, pessoas de todo o mundo podem acessar o projeto salvo, mas não podem sobrescrever o arquivo original.

Esse modo de compartilhamento criou uma comunidade robusta na internet, de modo que muitos materiais para consulta estão disponíveis nos servidores do *software*.

■ Baixar como...

Essa opção permite salvar o arquivo no computador em diversas extensões, inclusive em .ggb, para as mais variadas aplicações. Como nos outros casos, é preciso ficar atento, pois nem todas as extensões permitem a edição posterior do arquivo no GeoGebra.

▶ O GeoGebra pode exportar a construção nessas extensões.

TÓPICO 10 — TRAÇADOS DE PERPENDICULARES E PARALELAS

Traçado de perpendiculares

1 Traçar perpendiculares usando régua e esquadro

Usando uma régua e um esquadro isósceles, vamos traçar uma reta perpendicular a uma reta r e que passe por um ponto $A \notin r$.

Nesta situação, são dados r e A, com $A \notin r$.

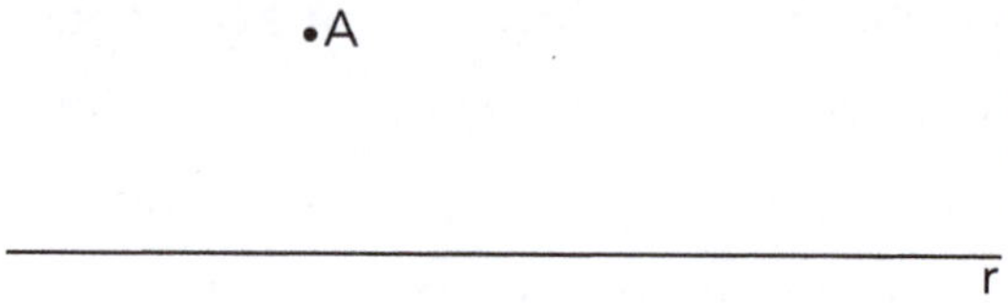

1º passo: Colocamos a régua e o esquadro isósceles na posição indicada.

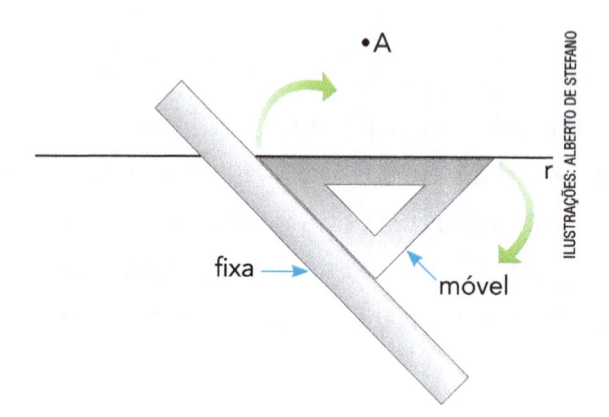

fixa → ← móvel

2º passo: Mantendo fixa a régua, deslocamos o esquadro para a posição indicada na figura e traçamos a reta pedida.

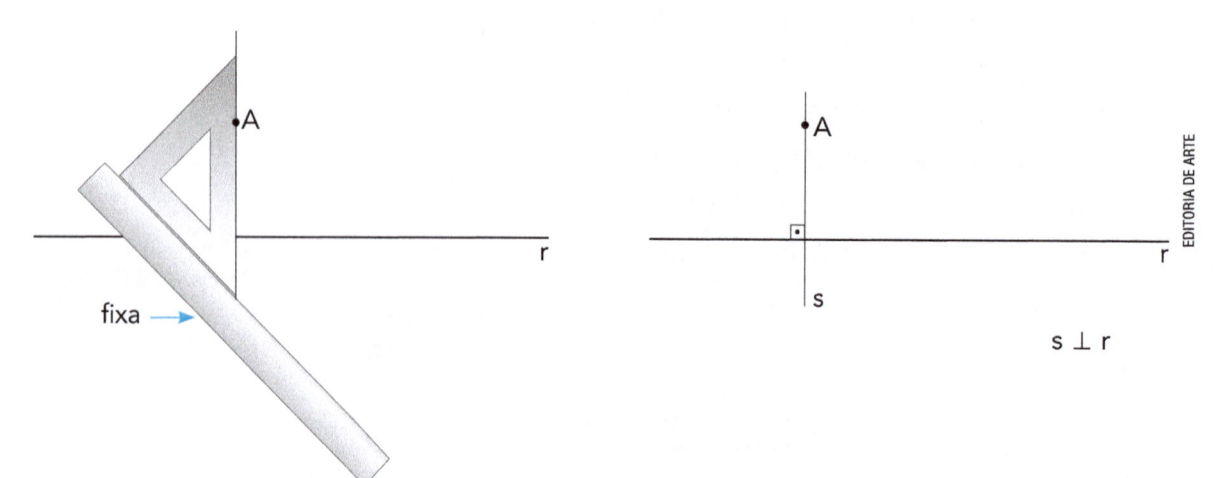

fixa →

$s \perp r$

2 Traçar perpendiculares com um par de esquadros

Usando um par de esquadros, vamos traçar uma perpendicular a uma reta r dada e que passe por um ponto A dessa reta r.

Nesta situação, são dados r e A, com A ∈ r.

1º passo: Colocamos o par de esquadros na posição indicada.

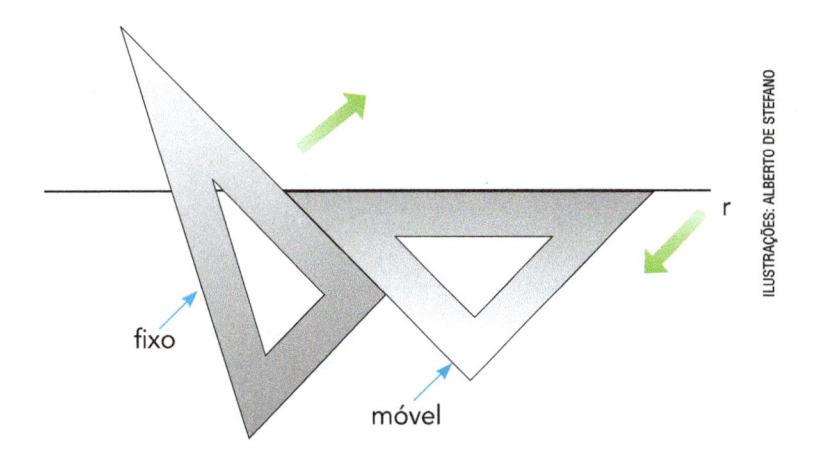

2º passo: Mantendo fixo o esquadro escaleno, deslocamos o esquadro isósceles para a posição indicada na figura e traçamos a reta pedida.

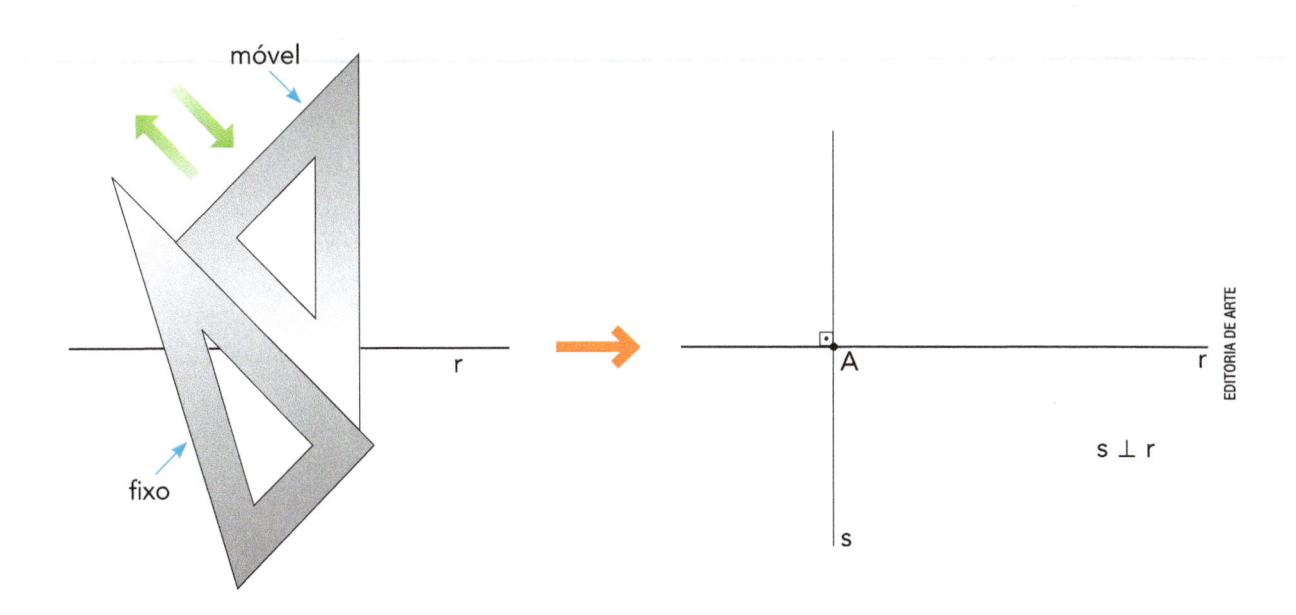

s ⊥ r

Traçado de paralelas

1 Traçar paralelas com o uso de régua e esquadro

Usando uma régua e um esquadro escaleno, vamos traçar uma reta paralela à reta *r* e que passe por um ponto A ∉ r.

Nesta situação, são dados *r* e A, com A ∉ r.

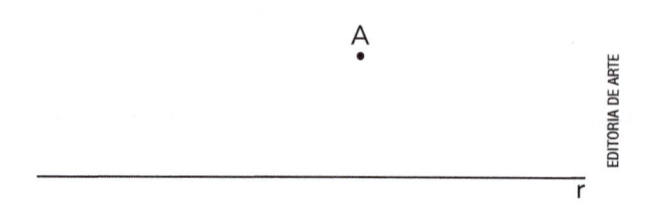

1º passo: Colocamos a régua e o esquadro escaleno na posição indicada.

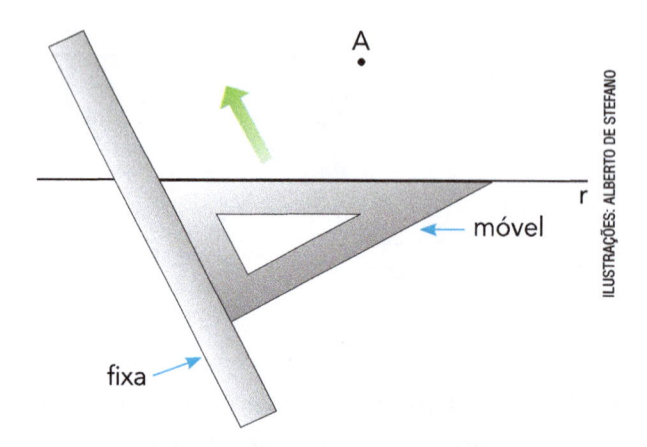

2º passo: Mantendo fixa a régua, deslocamos o esquadro para a posição indicada na figura e traçamos a reta pedida.

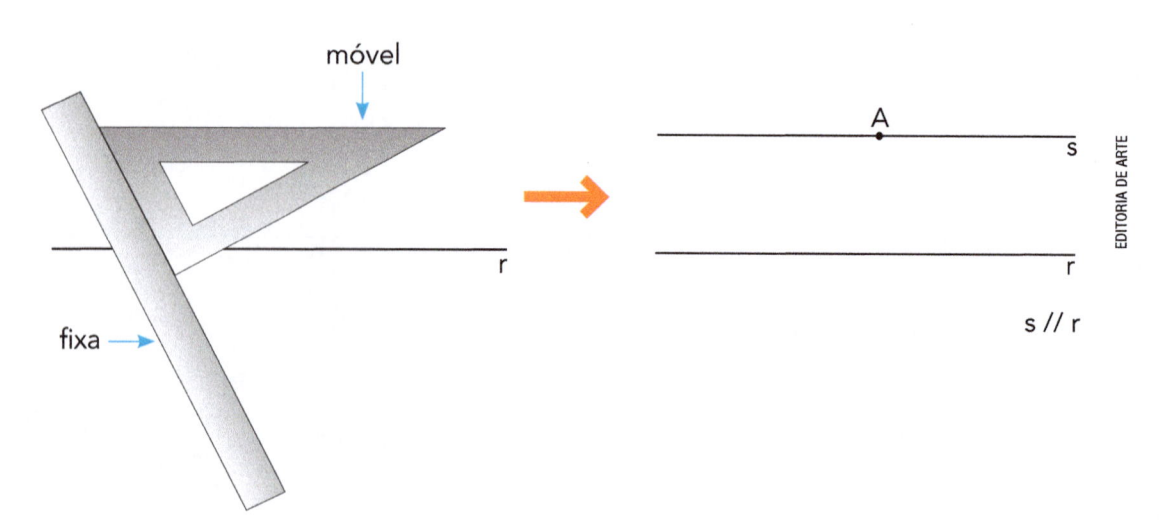

s // r

2 Traçar paralelas com um par de esquadros

Usando um par de esquadros, vamos traçar uma paralela a uma reta r e que passe por um ponto A ∉ r.

Nesta situação, são dados r e A, com A ∉ r.

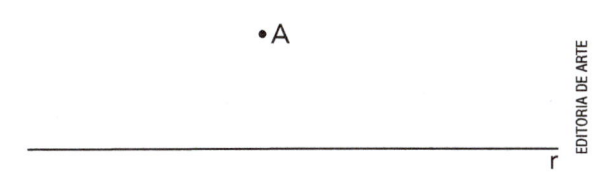

1º passo: Colocamos os esquadros na posição indicada.

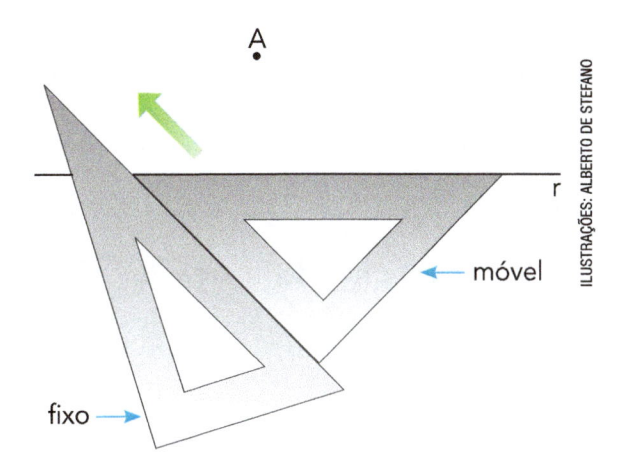

fixo

móvel

2º passo: Mantendo fixo o esquadro escaleno, deslocamos o esquadro isósceles para a posição indicada na figura e traçamos a reta pedida.

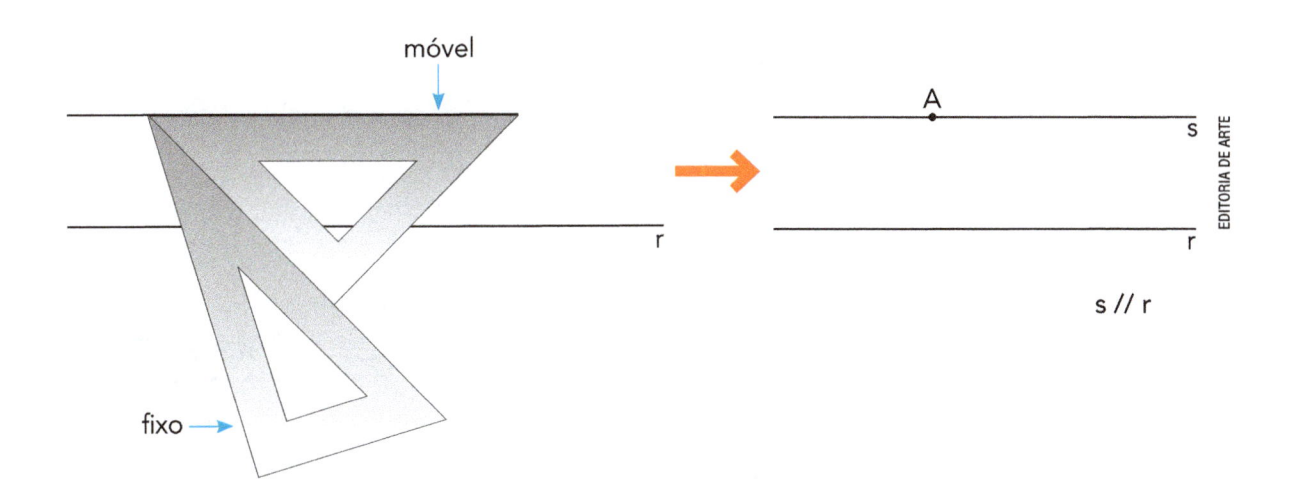

móvel

fixo

s // r

3 Traçar paralelas conhecendo a distância entre as retas

Vamos traçar uma reta s paralela à reta r dada, conhecendo a distância entre elas: d (r, s) = 3 cm.

1º passo: A partir de um ponto A qualquer da reta r dada, traçamos uma perpendicular auxiliar.

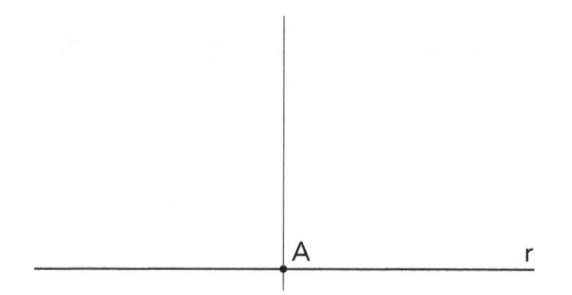

Siga os passos das páginas **68** ou **69**.

2º passo: Na perpendicular encontrada, marcamos a distância d = 3 cm para obter o ponto B.

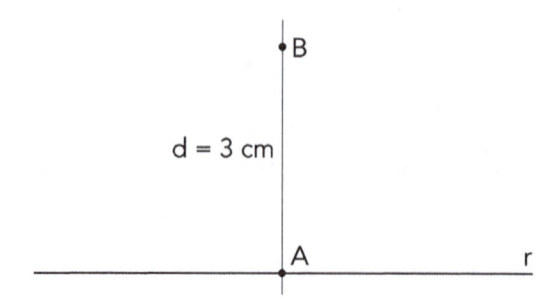

3º passo: A partir de B, traçamos a reta pedida, r // s, com d (r, s) = 3 cm.

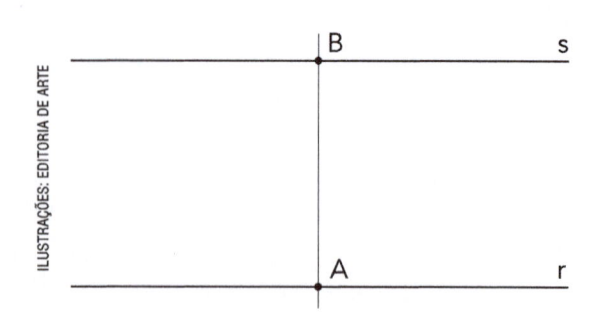

Siga os passos das páginas **70** ou **71**.

TÓPICO 11
CONSTRUÇÕES ELEMENTARES

Construção de segmentos

1 **Construir um segmento que tenha a mesma medida de outro segmento**

Vamos construir um segmento AB cuja medida seja igual à medida de um segmento XY dado.

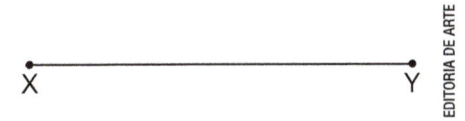

1º passo: Traçamos uma reta r qualquer, que será a reta suporte do segmento AB, e sobre ela marcamos um ponto A qualquer.

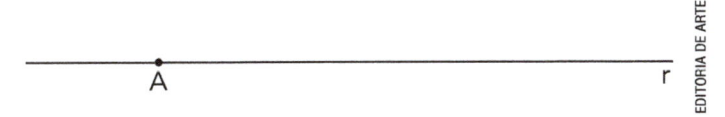

2º passo: Com a ponta-seca do compasso em A e uma abertura igual à medida do segmento XY, traçamos um arco que corte a reta r em um ponto B.

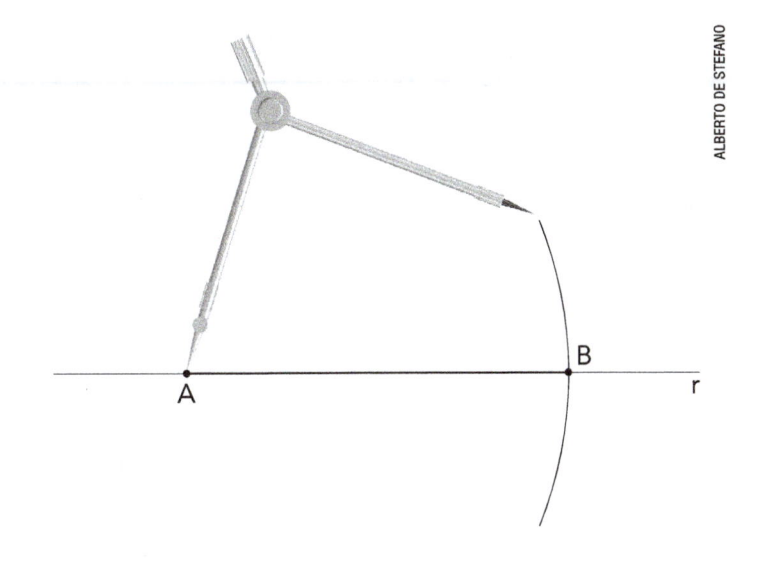

Obtemos, assim, o segmento AB pedido.
$\overline{AB} \cong \overline{XY}$

2 Construir um segmento de medida igual à soma das medidas de dois segmentos dados

Vamos construir um segmento cuja medida seja igual à soma das medidas dos segmentos AB e CD dados.

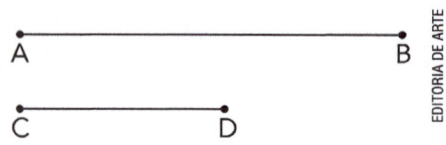

1º passo: Traçamos uma reta *r* qualquer, que será a reta suporte dos segmentos dados, e marcamos um ponto *A* qualquer sobre ela.

2º passo: Com a ponta-seca do compasso em *A* e uma abertura igual à medida de $\overline{AB}$, traçamos um arco que corte a reta *r* em um ponto *B*.

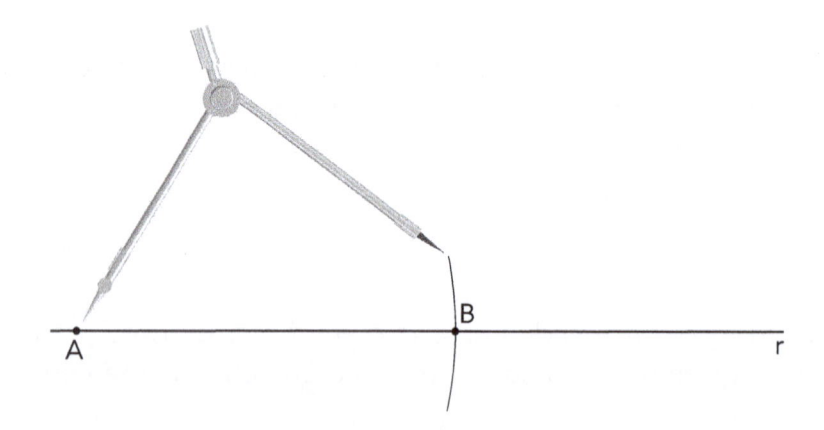

3º passo: Com a ponta-seca do compasso em *B* e uma abertura igual à medida de $\overline{CD}$, traçamos, à direita de *B*, um arco que corte a reta *r* em um ponto *D*.

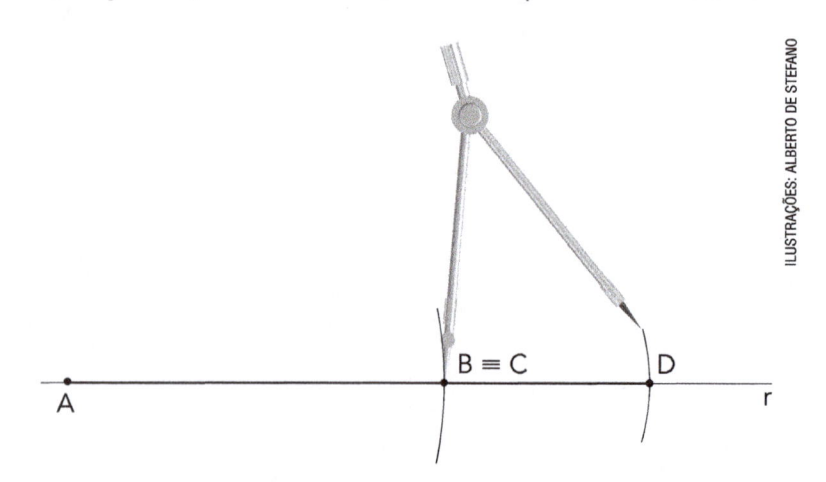

Conforme pedido, obtemos o segmento AD. Repare que os pontos *B* e *C* são coincidentes.

AD = AB + CD

3 Construir um segmento de medida igual à diferença entre as medidas de dois segmentos dados

Vamos construir um segmento cuja medida seja igual à diferença entre as medidas dos segmentos AB e CD dados.

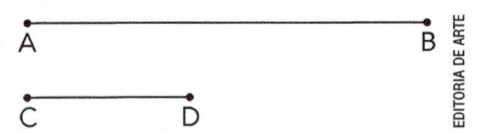

1º passo: Traçamos uma reta r qualquer e, sobre ela, marcamos um ponto A.

2º passo: Com a ponta-seca do compasso em A e uma abertura igual à medida de $\overline{AB}$, traçamos um arco que corte a reta r em um ponto B.

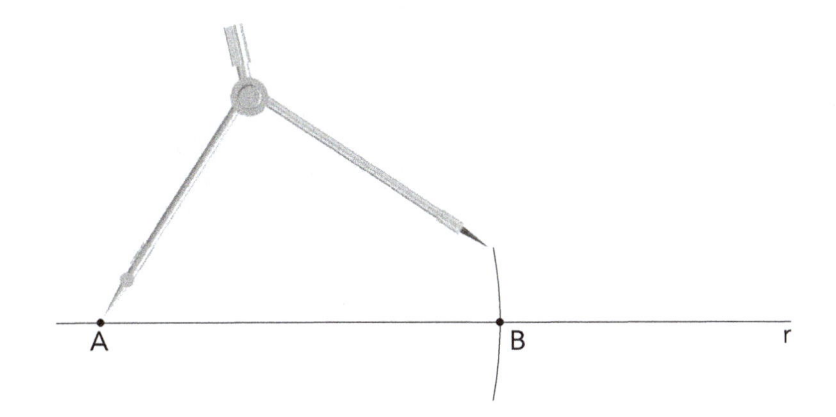

3º passo: Com a ponta-seca do compasso em B e uma abertura igual à medida de $\overline{CD}$, traçamos, à esquerda de B, um arco que corte a reta r em um ponto D.

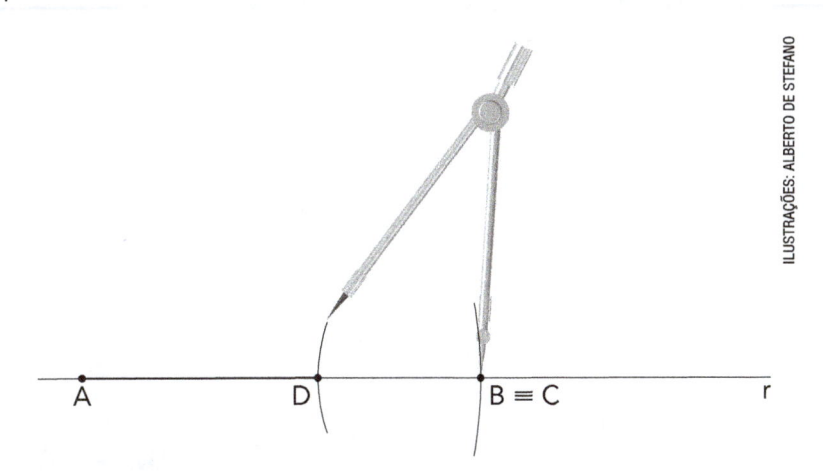

Dessa forma, obtemos o segmento AD procurado. Repare que os pontos B e C são coincidentes.

AD = AB − CD

Determinando o ponto médio de um segmento

Vamos determinar o ponto médio M de um segmento AB dado.

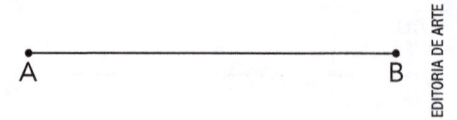

1º passo: Com a ponta-seca do compasso na extremidade A e uma abertura maior do que a metade da medida de $\overline{AB}$, traçamos um arco de circunferência.

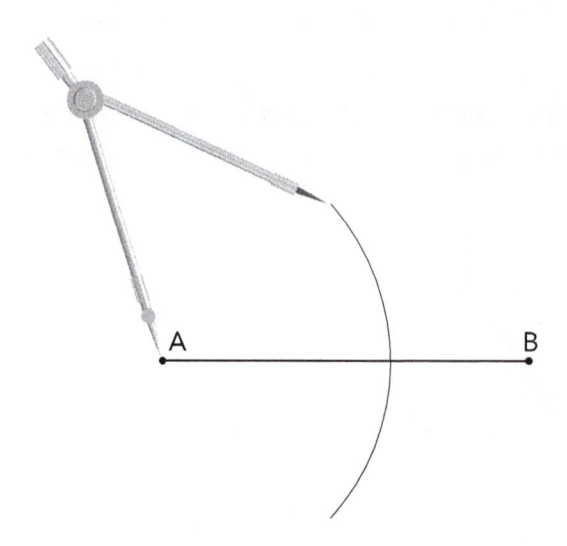

2º passo: Com a ponta-seca do compasso em B e a mesma abertura anterior, traçamos um arco que corte o primeiro arco nos pontos C_1 e C_2.

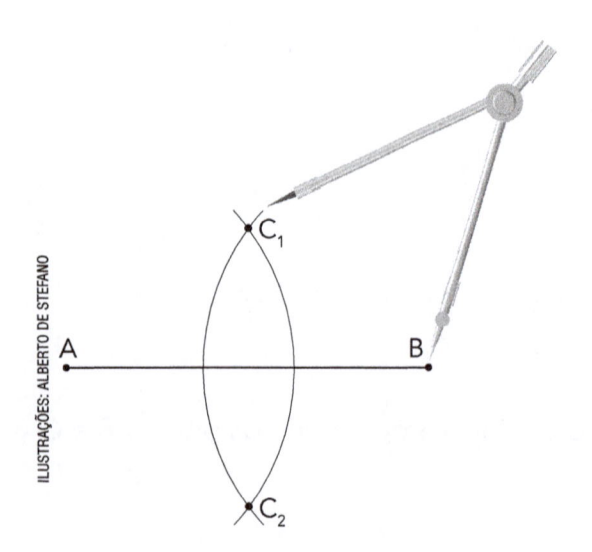

3º passo: O ponto M, intersecção de $\overline{AB}$ com $\overleftrightarrow{C_1C_2}$, é o ponto médio procurado.

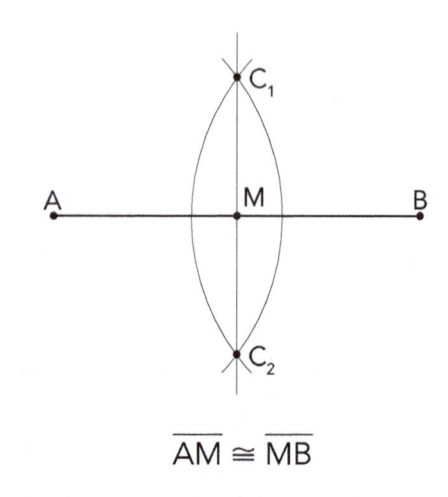

$\overline{AM} \cong \overline{MB}$

Dividindo segmentos

1 Dividir um segmento em dois segmentos congruentes

Vamos dividir um segmento AB dado em dois segmentos congruentes e determinar seu ponto médio M, como foi feito na página anterior.

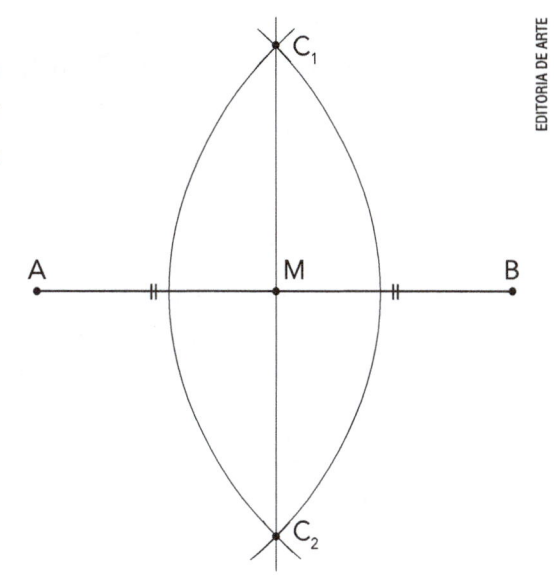

Logo, $\overline{AM}$ e $\overline{MB}$ são os segmentos procurados, pois $\overline{AM} \cong \overline{MB}$.

2 Dividir um segmento em quatro segmentos congruentes

Vamos dividir um segmento AB dado em quatro segmentos congruentes.

1º passo: Determinamos o ponto médio M do segmento AB.

2º passo: Determinamos o ponto médio N do segmento AM.

3º passo: Determinamos o ponto médio P do segmento MB.

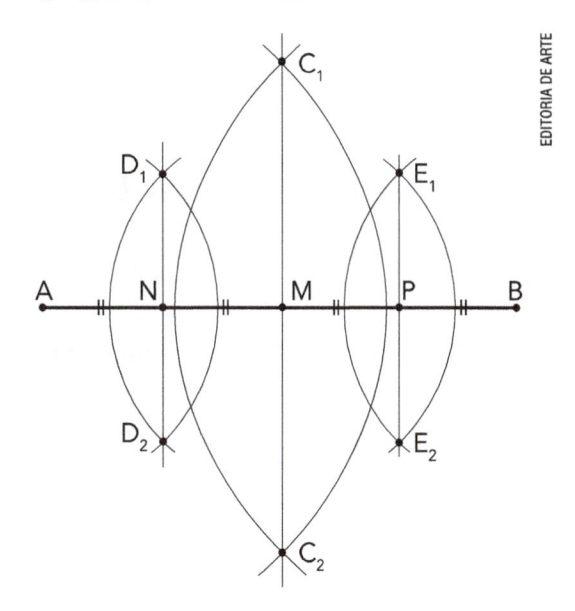

Portanto, $\overline{AN}$, $\overline{NM}$, $\overline{MP}$ e $\overline{PB}$ são os segmentos procurados, pois $\overline{AN} \cong \overline{NM} \cong \overline{MP} \cong \overline{PB}$.

Construção de ângulos

1 Construir um ângulo de medida igual à medida de um ângulo dado

Vamos construir um ângulo cuja medida seja igual à medida do ângulo B dado.

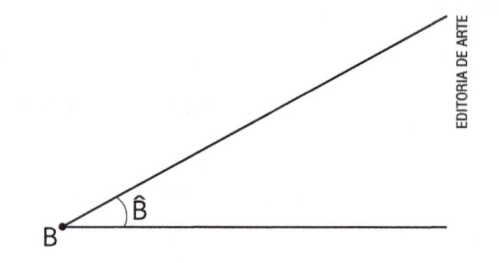

1º passo: Com a ponta-seca do compasso no vértice B e uma abertura qualquer, traçamos um arco que corte os lados do ângulo B nos pontos C_1 e C_2.

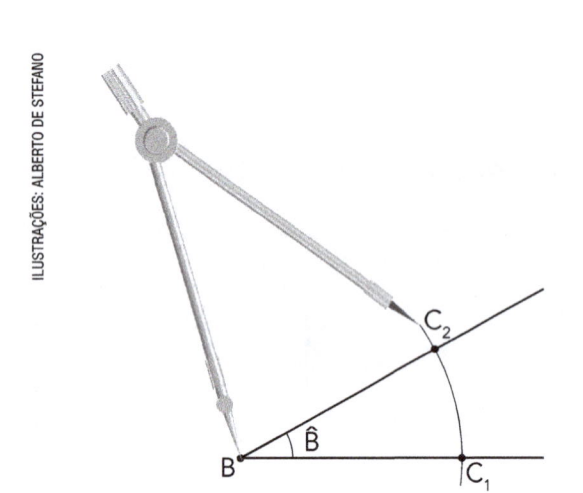

2º passo: Construímos uma semirreta qualquer com origem em A, que será um dos lados do ângulo pedido.
Com a ponta-seca do compasso em A e uma abertura igual à medida de $\overline{BC_1}$, traçamos um arco que corte a semirreta no ponto A_1.

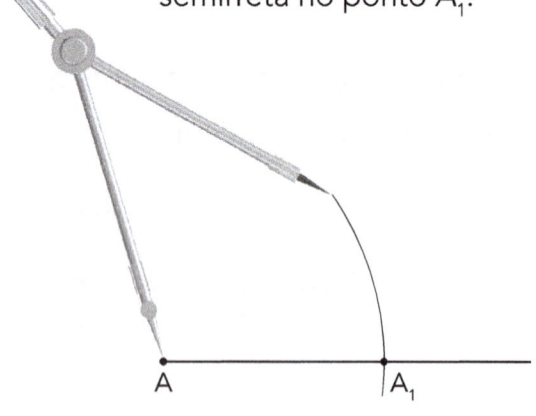

3º passo: Com a ponta-seca do compasso em A_1 e uma abertura igual à medida de $\overline{C_1C_2}$, traçamos um novo arco que corte o arco anterior no ponto A_2.

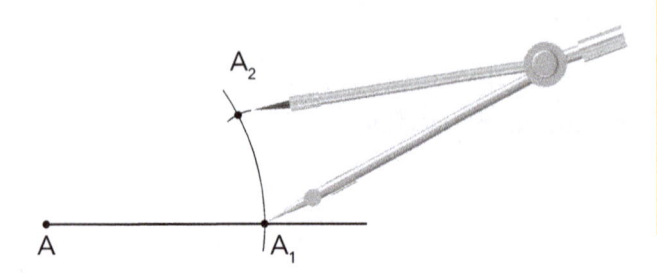

4º passo: Traçamos a semirreta AA_2, que será o outro lado do ângulo. Assim, obtemos o ângulo A procurado.

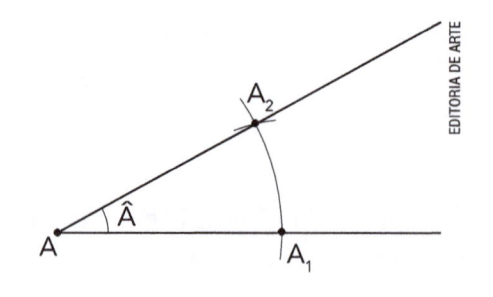

2 Construir um ângulo de medida igual à soma das medidas de dois ângulos dados

Vamos construir um ângulo cuja medida seja igual à soma das medidas dos ângulos A e B dados.

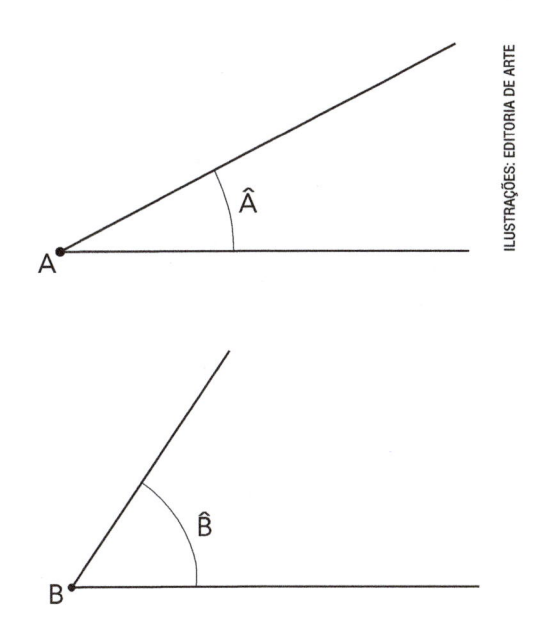

Vamos construir dois ângulos, A_1 e B_1, consecutivos e adjacentes, tais que $\hat{A}_1 \cong \hat{A}$ e $\hat{B}_1 \cong \hat{B}$.

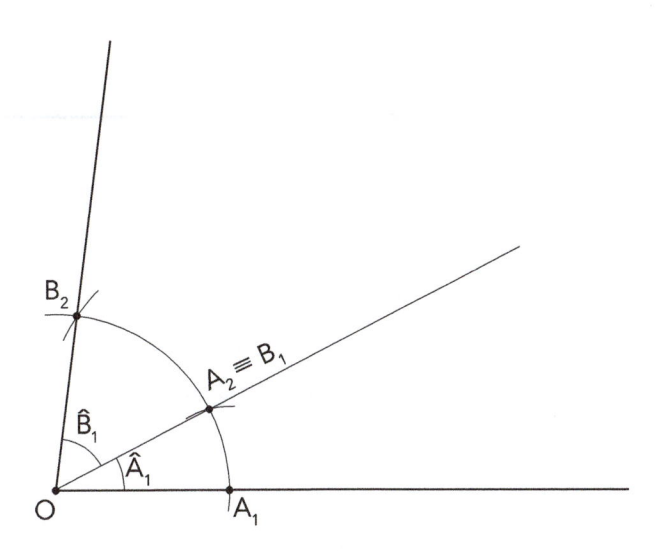

O ângulo $A_1\hat{O}B_2$ é o ângulo procurado, pois med $(A_1\hat{O}B_2)$ = med $(\hat{A}_1)$ + med $(\hat{B}_1)$.

Como $\hat{A}_1 \cong \hat{A}$ e $\hat{B}_1 \cong \hat{B}$, temos: med $(A_1\hat{O}B_2)$ = med $(\hat{A})$ + med $(\hat{B})$.

3 Construir um ângulo de medida igual à diferença das medidas de dois ângulos dados

Vamos construir um ângulo cuja medida seja igual à diferença das medidas dos ângulos A e B dados.

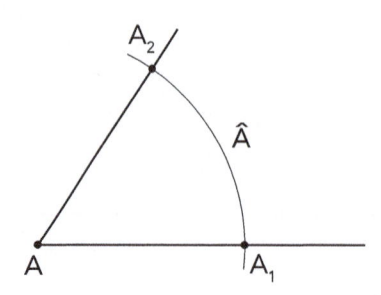

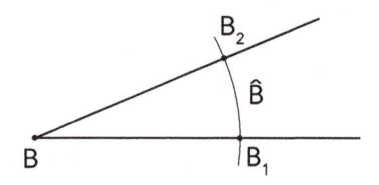

Vamos construir dois ângulos, A_1 e B_1, consecutivos e não adjacentes, tais que $\hat{A}_1 \cong \hat{A}$ e $\hat{B}_1 \cong \hat{B}$.

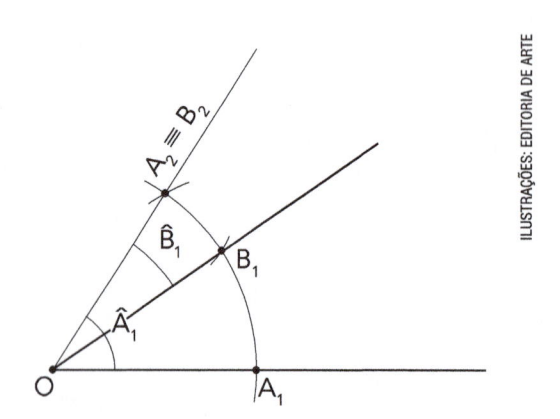

O ângulo $A_1 \hat{O} B_1$ é o ângulo procurado, pois med $(A_1 \hat{O} B_1)$ = med $(\hat{A}_1)$ − med $(\hat{B}_1)$.

Como $\hat{A}_1 \cong \hat{A}$ e $\hat{B}_1 \cong \hat{B}$, temos:

med $(A_1 \hat{O} B_1)$ = med $(\hat{A})$ − med $(\hat{B})$